服装缝纫
专业技法

（日）百目鬼 尚子
　　　牧野 志保子　著

刘晓冉　译

用缝纫机缝制衣服的过程，只要按照基本的程序，

我想任何人缝起来都不会有太大的错误。

而做过无数衣服的专业人士，

有时会为了提高速度而节省步骤，

有时反而会为了精美制衣而在某个地方多花功夫。

本书会给大家介绍这些专业的缝制方法，

全部使用家庭用缝纫机，而不是专业的工业机。

另外，用缝纫机缝制和用熨斗熨烫的"专业技法"，

也是精美制衣的一个重点，

所以本书中还加入了很多展示制作技巧的图片。

如果大家能够参考本书掌握服装缝纫的专业技法，这将是我的荣幸。

煤炭工业出版社
·北 京·

※本书用于讲解的brother Riviero80缝纫机

参考文献：《男士衬衫书》《全世界都喜爱的印花女装》《正式的成人装》《轻盈的成人装》

用具

缝纫机及其配件

●压脚

　　根据不同的用途，缝纫机会配备多种压脚。为了能精美制衣，需要根据不同的车缝方法更换压脚，这点很重要。

　　压脚作为缝纫机的附属品，有的安装在缝纫机上，有的需要单独购买，也有某种机型的专用压脚。

　　这里介绍的压脚，是图中这种家用缝纫机用的。除此之外，还有各种不同功能的压脚，不同机型配备的压脚也不同。

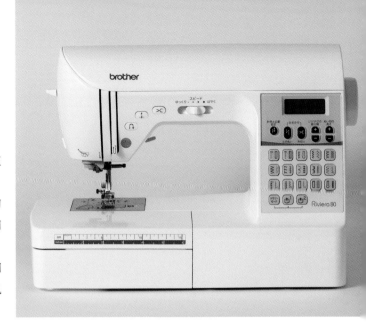

曲折压脚
基础的压脚。用于直线针迹和曲折针迹。

直线压脚
直线针迹的专用压脚。→ P22

卷边压脚
将布边卷成较细的三折的压脚。→ P23

包边压脚
处理裁边的压脚。→P22

侧切刀压脚
一边切掉布边，一边锁边的压脚。
→P26

纽孔压脚
制作纽孔的压脚。→P27

打褶压脚
能一边打褶一边缝合的压脚。→P26

隐形拉链压脚
用于安装隐形拉链的压脚。
→P67

单边拉链压脚
用于安装普通拉链等的压脚。
→P70、73

●脚踏控制器

可以用脚调节缝纫机的开始、停止和速度。有了脚踏控制器，从车缝起点到车缝终点，双手可以自由使用，快速并且漂亮地车缝，所以它是务必要准备的配件。

防滑压脚
皮革或聚乙烯布等容易打滑的材质用的压脚。

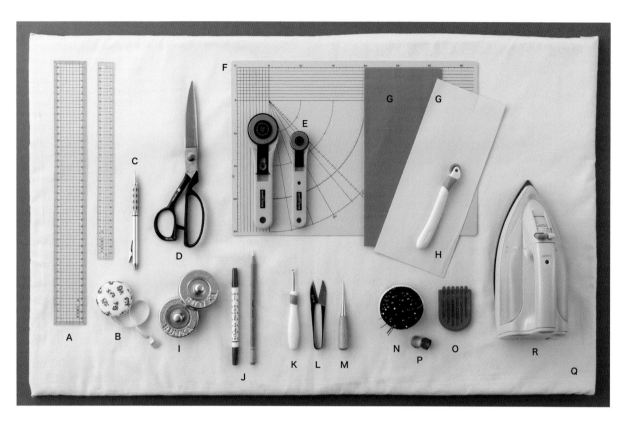

常用的市售方便压脚

安装在缝纫机针杆上的压脚。根据机型的不同，有的缝纫机可能无法安装，所以请务必在购买前确认。

其他用具

A 方格尺子
B 卷尺
C 自动铅笔
D 裁布剪刀
E 轮刀
F 切割垫板
G 双面复写纸
H 点线器
I 镇纸
J 布用记号笔、划粉铅笔
K 拆线器
L 纱剪
M 锥子
N 针插、珠针
O 手缝针
P 顶针
Q 烫台
R 蒸汽熨斗

隐形拉链压脚
安装隐形拉链用的压脚。

2mm压脚
宽度较窄（2mm）的压脚。因为普通压脚较宽，所以在不容易车缝或是安装明袋、车缝前端或领子的线迹时使用2mm压脚。

薄料专用压脚
落针的开孔很小的压脚。因为开孔小，所以能将容易卷曲的薄料车缝得很漂亮。

防滑压脚
皮革或聚乙烯布等，容易打滑的材质用的压脚。

布、线和针

　　车缝线的号码越大,线越细;车缝针的号码越大,针越粗。

　　薄料使用细线、细针,厚料使用粗线、粗针,这是最基本的规则。

　　如果做衣服,最常用的线是60号、90号,最常用的针是9号、11号。用厚料车出明显线迹等情况下使用30号的线、14号的针。

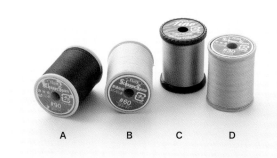

车缝线

A 90号涤纶车缝线

B 60号涤纶车缝线

C 涤纶丝状车缝线

D 30号涤纶车缝线

车缝针

A 9号

B 11号

C 14号

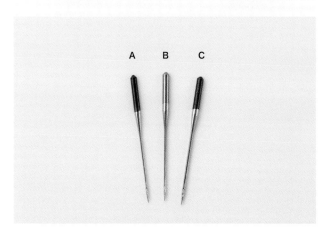

雪纺乔其纱

薄而柔软的布料
线:90号车缝线
针:9号

薄棉布

薄的纯棉布
线:90号车缝线
针:9号

丝绸塔夫绸

薄而有张力的布料

a线：90号车缝线
　针：9号
b线：丝状车缝线
　针：9号

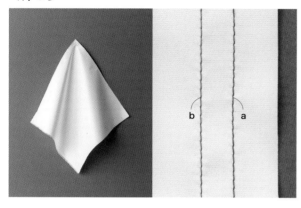

平纹棉布

普通的纯棉布

a线：60号车缝线
　针：11号
b线：90号车缝线
　针：9号

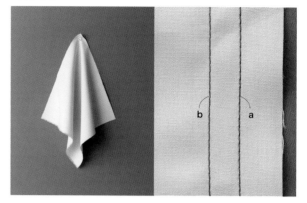

羊毛乔其纱

普通的羊毛

线：60号车缝线
针：11号

纯棉华达呢

略厚的纯棉布

线：60号车缝线
针：11号

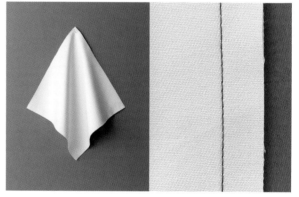

厚牛仔布

厚的纯棉布

线：60号车缝线
针：11号

起绒羊毛

厚的羊毛

线：60号车缝线
针：11号

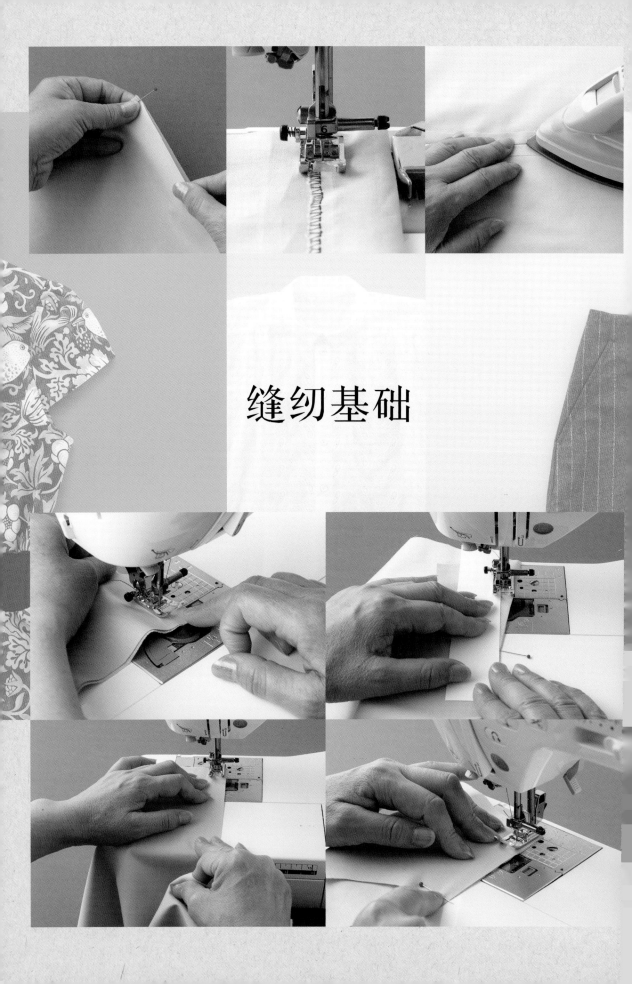

缝纫基础

将2片布对齐

合印记号

1 将2片布正面相对重叠，先对齐上端，然后对齐合印记号处。

2 将布的上端放在桌子上压住，用另一只手的指尖，一边让2片布平整贴紧，一边调整布边的细微偏差，直到2片布完全对齐。

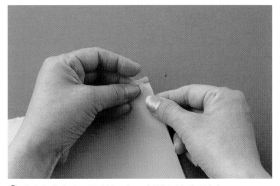

3 紧紧捏住上端，用珠针固定。珠针相对布边呈直角。

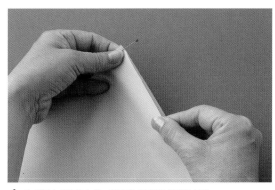

4 食指放入2片布中间，将布边对齐至合印记号处。

合印记号

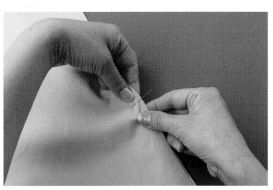

5 用珠针固定合印记号处。

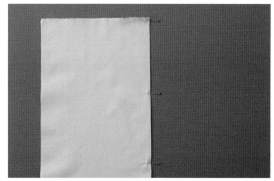

6 烫平，在中间用珠针固定。

用缝纫机车缝

开始车缝前，请务必使用同样布料的零料试缝，调整线的状态。

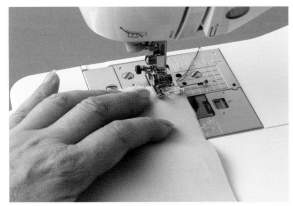

1 将布放在缝纫机上，布边对齐标线，放下压脚，固定布的上端。

2 拔出上端的珠针，倒缝3~4针。

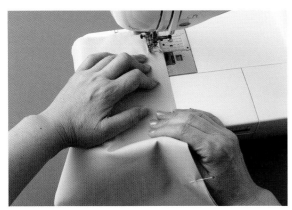

3 左手的手指稍稍张开，用力压住布料，让2片布不要滑动。右手放在车缝行进的位置，将布料压平，并像图中一样捏住布料，稍稍往下拉紧，开始车缝。

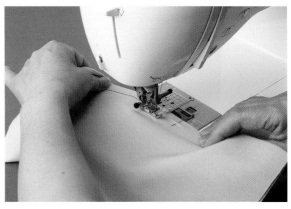

4 车缝10cm左右后，为了防止收缩，轻轻拉紧布料上下两端，使车缝处绷紧，继续车缝。车缝到珠针的位置时，将珠针拔出，继续车缝。

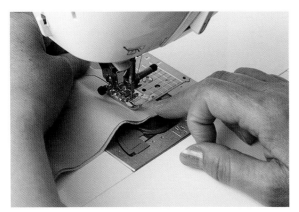

5 紧紧压住布边，车缝到最后，车缝结束时也要进行倒缝。

6 车缝完成。

[车缝薄料时]

车缝薄棉布或雪纺乔其纱等薄料时，起点和终点的布边容易被拉进送布牙中，所以需要将薄的纸（牛皮纸或描图纸等）垫在布下车缝。使用落针孔更小的压脚（直线压脚→P4，薄料专用压脚→P5）能缝得更漂亮。

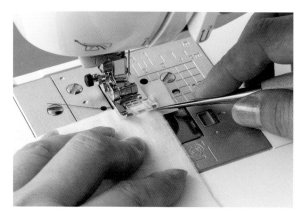

1　在车缝起点的下方，垫一张边长3~4cm的纸，用锥子压住放入压脚下，布与纸一起倒缝后开始车缝。

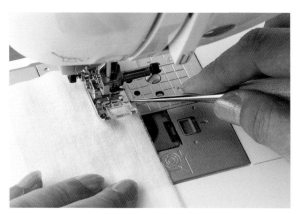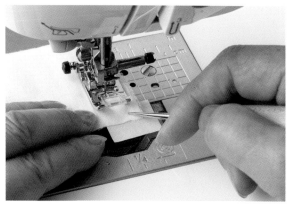

2　因为薄料容易被拉入送布牙，所以要一边用锥子压住缝份一边车缝。

3　车缝终点处也在布下垫入纸一起车缝，倒缝后完成。

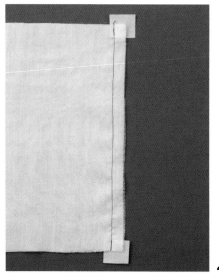

5　小心撕下上下的垫纸。

4　在起点和终点垫纸缝好的样子。

不用固定，直接用缝纫机车缝

不使用珠针固定，在缝纫机上，一边直接将2片布对齐，一边车缝。

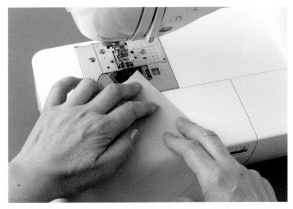

1 将2片布正面相对，放在缝纫机上。将2片布的上端完全对齐并压住，放入压脚下。

2 落下压脚，倒缝3~4针固定上端，以针扎在布上的状态停止。

合印记号

3 充分贴合2片布，对齐合印记号并捏紧合印记号处。

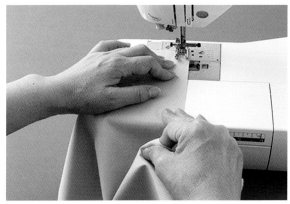

4 拿住合印记号处，像图中一样将布料折叠并压住，拉平车缝处，开始车缝。

5 车缝10cm左右后，左手捏住缝完的部分，拉平车缝处，继续车缝。重复**3**、**4**的操作，缝到终点，倒缝3~4针完成。

以一定的缝份宽度车缝

省去描画完成线，以固定的缝份车缝。

以针板上的标线为准

针板上的标线，以针的位置为起始，所以可以一边将布边对齐缝份的标线，一边车缝。

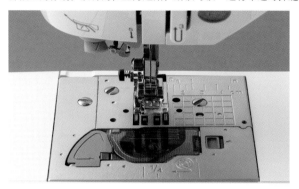
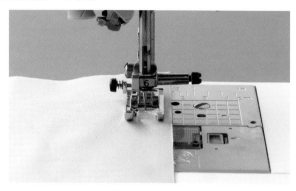

使用缝纫机定位器

磁铁型的定位器，用磁力固定在针板上使用。安装在针杆上使用的定位器，有的缝纫机可能无法安装，所以请在购买时确认好。

磁铁型

安装在针杆上的类型

[磁铁型缝纫机定位器的使用方法]

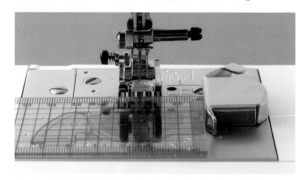

1 用尺子测量出从针的位置开始的尺寸，将定位器固定在针板上。

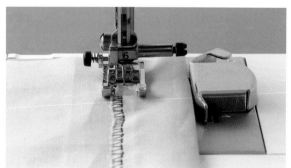

2 一边将布边对齐定位器的侧边，一边车缝。

以压脚的宽度为准

在剪接线上车缝线迹等情况下，既看不到针板的标线，也无法使用磁铁型定位器，可以压脚的宽度为准进行车缝。

用熨斗整理缝份

车缝结束后，首先用熨斗熨烫车缝线迹。线迹熨平整后更好看。

分开

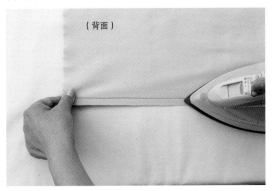

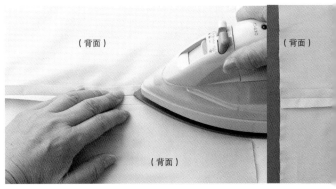

1 保持布正面相对，一边拉住布边，将车缝线迹拉平，一边轻轻熨烫车缝线迹。

2 一边用指尖分开缝份，一边熨烫。

[厚羊毛布料]

熨烫厚羊毛布料很难有效果，如果缝份较窄，即使分开了也还会合起来，所以缝份最少需要1.2cm，剪裁时尽量留出1.5cm缝份。

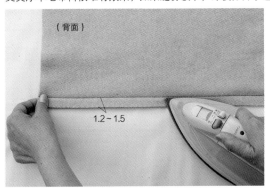

1 保持布正面相对，熨烫缝份。为了不出现缝份的痕迹，将蒸汽熨斗紧贴车缝线迹，用力按压将缝份熨扁。

2 一边用指尖分开缝份，一边用熨斗的前端分开缝份熨烫。为了不压出缝份的痕迹，并且不破坏布料的质感，熨斗不能完全接触缝份。抬起熨斗的后方，只用熨斗的前端即可。

倒向一侧

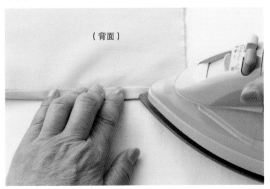

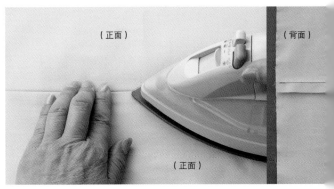

1 与分开缝份时相同，用熨斗轻轻熨烫车缝线迹。从车缝线迹处，将2片缝份一起折向倒下的方向，蒸汽熨烫。

2 将布翻至正面，从正面熨烫车缝线迹。

处理缝份

常用的4种方法为"分开""倒向一侧""袋缝""折边叠缝"。配合布料和设计，分别使用。

分开缝份

（背面）

1 在缝份的布边车缝出包边针迹（→P22）或曲折针迹后，将2片布正面相对车缝缝合。

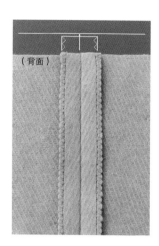
（背面）

2 用熨斗打开并整理缝份。→P14

在裁边上车缝曲折针迹

●作为缝份的处理，在布的裁边上车缝曲折针迹时，使针落在裁边的边缘处。

●打开缝份时，从布的正面车缝曲折针迹。

●在1片薄料的裁边上车缝曲折针迹时，布边会被拉进送布牙，不能漂亮地完成。这时，可采取以下操作：

①将缝份多裁0.3～0.5cm。

②在布上喷熨烫用喷雾胶水后熨烫，使布边具有张力。

③在距离布边0.3～0.5cm的内侧车缝曲折针迹。

④沿着曲折针迹的边缘将布剪掉，注意不要剪掉车缝线。

薄料的情况

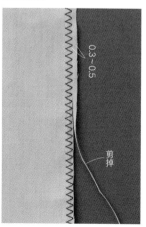
在裁边的边缘车缝

0.3～0.5

剪掉

熨烫用喷雾胶水

将缝份倒向一侧…不适合厚料

（背面）

将2片一起车缝包边针迹

（背面）

1 将2片布正面相对车缝。缝合时，将缝份倒向一侧的布料放在下方。然后，将2片一起车缝包边针迹（→P22）或曲折针迹。

2 将缝份倒向一侧，用熨斗烫平。→P14

折边叠缝…略厚料~薄料

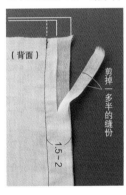

（背面）

剪掉一多半的缝份

1.5~2

1 留1.5~2cm的缝份裁布，将2片布正面相对缝合。缝合时，将缝份倒向一侧的布料放在下方车缝。然后，将倒下一侧的缝份，剪掉一多半。

（背面）

（背面）

2 用较宽的缝份折叠包裹较窄的缝份，用熨斗烫平。

3 将2的缝份沿着车缝线迹再次折叠，用熨斗烫平。

袋缝…普通布料~薄料

（正面）

一多半的缝份

（正面）

1 留1.5~2cm的缝份裁布，将2片布背面相对，在缝份的一多半的位置缝合。

2 用熨斗分开1的缝份。

（背面）

（背面）

3 从车缝线迹处将布正面相对，缝合完成线。

4 将缝份倒向一侧，用熨斗烫平。→P14

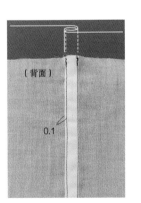

（背面）

0.1

（正面）

4 将下侧的布打开，在2的折山处车缝线迹。

5 从正面看，只有1条线迹。

缉省

用锥子在省的位置做出记号后缝合。羊毛等难以用锥子做出记号的布料，使用剪线记号。

1 将纸样重叠在裁好的布上，在省的位置的缝份布边，剪出3个缺口（剪开0.3cm左右做出记号）。

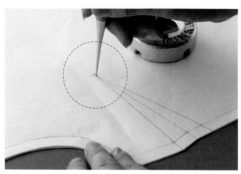

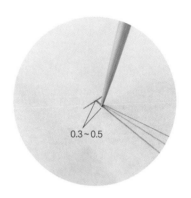

0.3~0.5

2 在距离省的顶端0.3~0.5cm处，用锥子垂直扎下，在布上做出记号。

3 再在省的中心线上，用锥子做出2~3个记号。

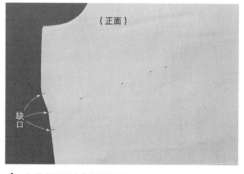

（正面）

缺口

4 如图所示即为做好的记号。

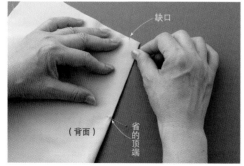

缺口

（背面）

省的顶端

5 对齐缺口，将省的部分正面相对折叠。用珠针固定省的顶端（锥子记号内侧0.3~0.5cm处），用指甲在折山处压出折痕。

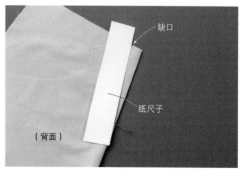

缺口

纸尺子

（背面）

6 用明信片厚的纸，做成比省的长度更长的长方形纸板，对齐缺口和省的顶端，放在布上。

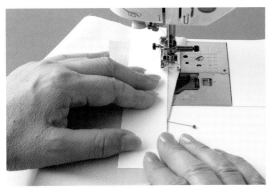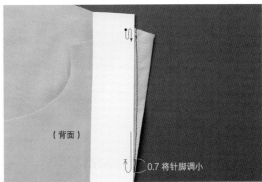

7 放上纸板，对齐缺口和顶端缉省。倒缝后开始车缝，最好像图中一样有一点弧度。

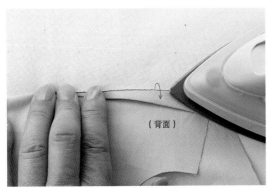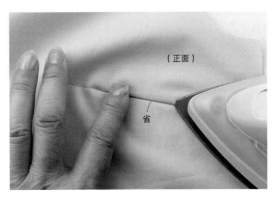

8 从车缝线迹的边缘，将省的缝份倒向一侧，用熨斗熨烫。这样事先用熨斗折一下，车缝线迹更加柔软。

9 从正面用熨斗烫平省的线迹。

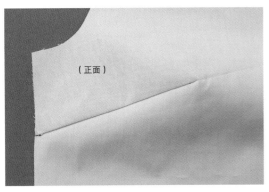

10 缝好的省。

用锥子难以做出记号的布···羊毛等

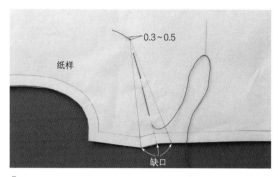

纸样

0.3～0.5

缺口

1 将纸样重叠在裁好的布上，在省的位置的缝份布边上剪出缺口。然后用1根疏缝线在省的中间粗缝。

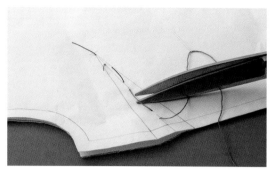

2 从中间剪开粗缝的线。

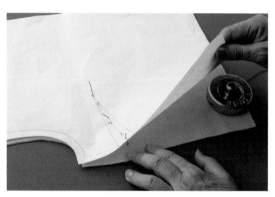

3 小心掀开纸样，注意不要将线拔出。

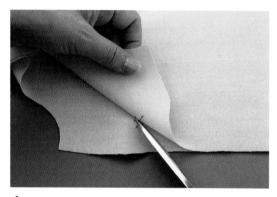

4 小心揭起上方的布，剪断中间的线。

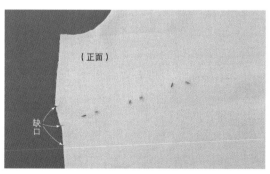

（正面）

缺口

5 将上方的布上的线都剪断，剪线记号就做好了。

（背面）

6 按照P17～18步骤**5～7**的要领缉省。

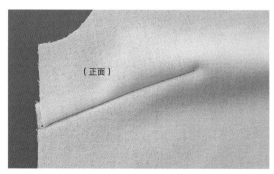

（正面）

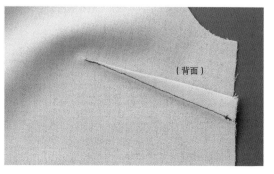

（背面）

7 按照P18步骤**8～9**的要领，用熨斗烫平。

缩缝肩

后片的肩有收缩时，肩的缝制方法。

将有收缩的后片身片放在下方进行车缝。

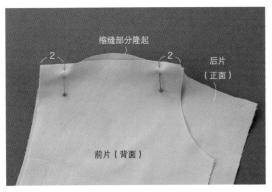

1 将前片身片与后片身片正面相对。肩部左右2cm处平整对齐，用珠针固定。后片的肩，呈现出缩缝部分隆起的状态。

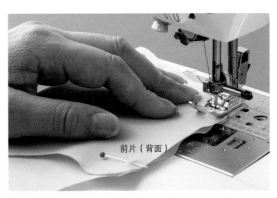

2 将前片身片朝上放在缝纫机上，从布边开始车缝到上方珠针处。

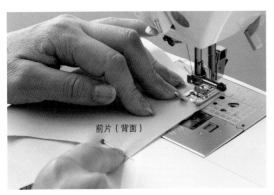

3 捏住下方珠针处，将布稍稍拉住，使前片身片的肩拉伸，2片平整对齐。

4 保持拉伸，以2片平整对齐的状态，车缝到珠针处。

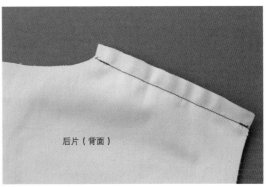

5 车缝剩余的部分至布边。缝好后，后片有收缩。

各种压脚的车缝方法

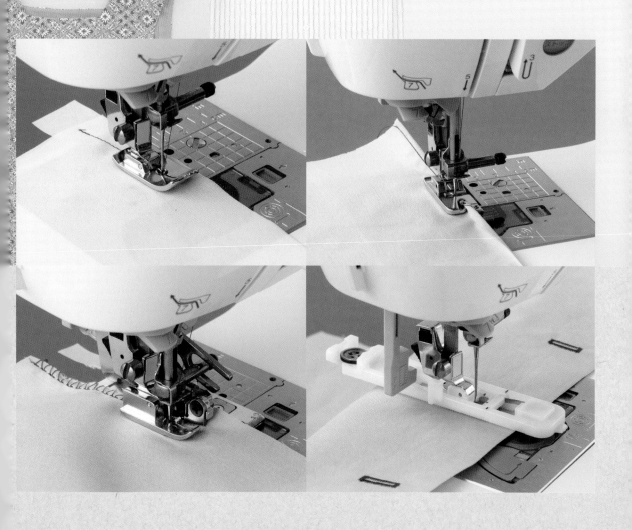

直线压脚

- 直线针迹专用压脚。非常薄的布料也能缝得很漂亮。
- 因为家用缝纫机的基础压脚（曲折压脚）也对应曲折针迹，所以落针的开孔较大。而直线压脚的开孔较小，直到落针的边缘位置，都有压脚压住布料，所以落针时不易带入布料。因此，即使是车缝薄料，也能避免线迹出现褶皱。
- 缝薄料时，起点和终点最好垫纸（牛皮纸或描图纸等）。→P11

直线压脚　　曲折压脚

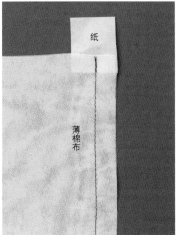

纸

薄棉布

包边压脚

- 在布边上车缝包边针迹的压脚。一边将布边对齐压脚的导线一边车缝，所以能将裁边包得很漂亮。用曲折针迹包边时也可以使用。
- 给1片布包边时，从布的正面车缝。
- 如果是薄棉布等薄料，缝合后，将2片布的布边一起车缝包边针迹，缝份倒向一侧。

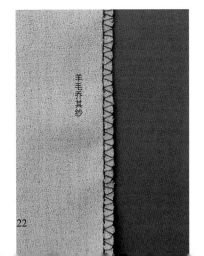

羊毛乔其纱

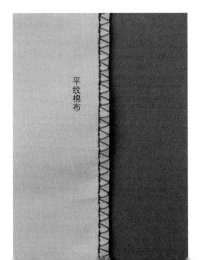

平纹棉布

薄棉布

2片一起车缝锁边针迹

卷边压脚

●用于布边的处理。一边将布边折成较细的三折，一边车缝的压脚。

适合薄料到平纹棉布厚度的布料。

直线的车缝方法…布：平纹棉布

1 将布边折成较细的三折（0.3～0.5cm），用锥子压住上端，放入压脚下。

2 放下压脚，在布的上端落针。

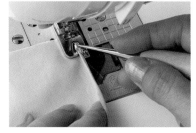

3 针扎入布中，抬起压脚，用锥子将布边卷入压脚卷起的部分。

4 放下压脚，倒缝后开始缝制。用右手将布边折起0.5cm左右，左手的指尖在压脚前方立起折山，一边使布边卷入压脚卷起的部分，一边车缝。

5 车缝完成。

薄料的车缝方法…布：雪纺乔其纱

1 将布边折成较细的三折（0.3～0.5cm），上端用珠针固定。布的下面垫纸（牛皮纸或描图纸等），用锥子压住，放入压脚下。

2 拔出珠针，按照"直线的车缝方法"步骤**2**～**4**的要领车缝。

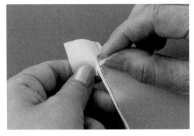

3 车缝终点与车缝起点一样需要垫纸，车缝结束后撕下即可。

4 车缝完成。薄料的布边如果没有卷入压脚，线迹容易脱出，请仔细车缝。

弧线的车缝方法…布：平纹棉布

包边为弧线时，卷起来的布边很容易松散，线迹也容易脱出，所以车缝定位线迹后再卷边，就能缝得很漂亮。
即使是直线的卷边，如果线迹容易脱出，也建议使用这个方法。

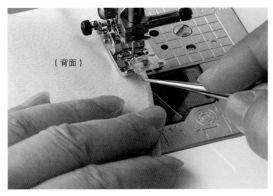
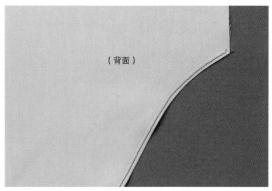

1 将布边向背面折0.3～0.5cm，车缝定位线迹。压脚使用基础的曲折压脚即可，用锥子一边折叠布边一边车缝。

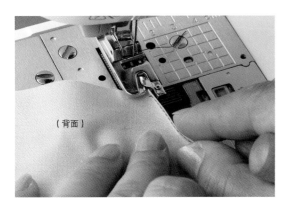
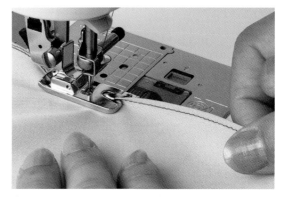

2 压脚换成卷边压脚，将折过一次的布边卷入压脚卷起的部分。

3 一边立起布边，一边将布边卷入压脚中车缝。

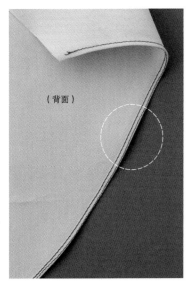

4 车缝完成。背面的缝份上有定位线迹与卷边线迹2条车缝线迹，但是正面只有卷边线迹1条车缝线迹。如果介意定位线迹，可以拆掉。

角的车缝方法 …布：平纹棉布

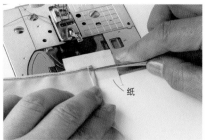

纸

1 一边卷边车缝后，将下一条边的上端折成3折。这时，上端的缝份重叠，先涂布用胶棒临时固定，再在布下垫纸，放入压脚下。

（背面）

布用胶棒

2 按照P23"直线的车缝方法"步骤**2~4**的要领车缝，起点的角因为缝份重叠难以推进，所以需要转动缝纫机的手轮，1针1针进行车缝。

3 车缝完成。

代替珠针或疏缝，用于临时固定，非常方便。

圆环的车缝方法 …布：平纹棉布

在袖口或下摆等呈圆环的位置车缝卷边的方法。

（背面）

车缝起点

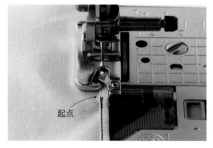

起点

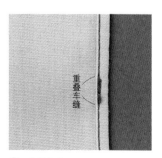

重叠车缝

1 按照P23"直线的车缝方法"的要领，转圈包边车缝到缝纫机能到的最后位置。车缝到最后，以针扎在布中的状态停止。

2 保持针扎在布中，抬起压脚，卸下卷入压脚部分的布边，放下压脚。继续车缝，与起点的车缝线迹重合。

3 车缝完成。

侧切刀压脚

●可以一边裁下布边一边包边的压脚。如果剪掉的宽度太窄就会很难操作，所以缝份需要多留1cm以上将布剪下。

●不适合薄棉布等薄料。

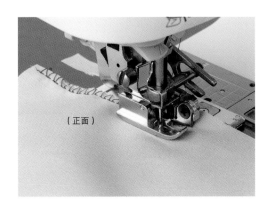

（正面）

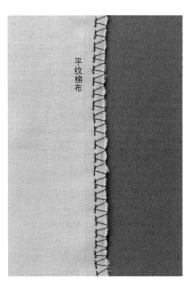

平纹棉布

打褶压脚

●能一边打褶一边缝合的压脚。

适合薄料到平纹布厚度的布料。

●不同的布料，打褶的会有变化，所以请务必进行试缝确认。而且，因为很难按照一定的量打褶，所以要想缝得漂亮，需要多加练习。

车缝方法

将打褶的布（蕾丝）正面向上，放在压脚下。将不需要打褶的布（平纹棉布）与蕾丝正面相对重叠，布边插入压脚的槽中，开始车缝后，下方的蕾丝就能自然打褶。

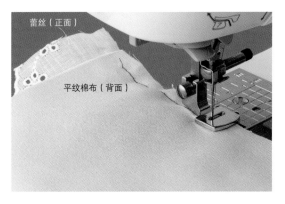

蕾丝（正面）

平纹棉布（背面）

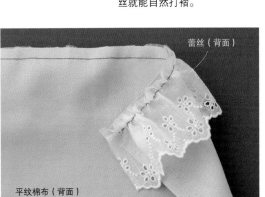

蕾丝（背面）

平纹棉布（背面）

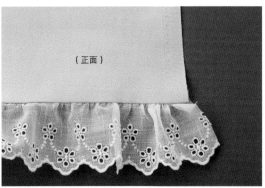

（正面）

纽孔压脚

● 制作纽孔的压脚。将纽扣安装在压脚上，
　缝纫机就会根据纽扣的大小，自动车缝出纽孔。

纽孔的制作方法

（正面）

1 将纽孔的位置标记在布的正面（纽扣的直径和厚度），在起点的位置落针，开始车缝。

2 自动缝好纽孔。

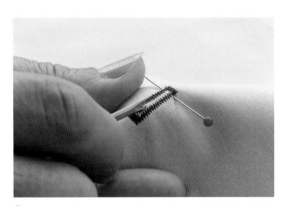

3 为防止剪过，在纽孔的顶端插入珠针，用拆线器剪开线迹的中间部分。

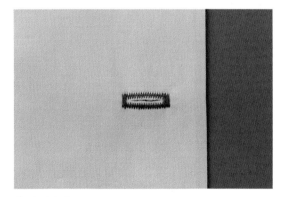

4 纽孔完成。

拆线器

锥子的用法

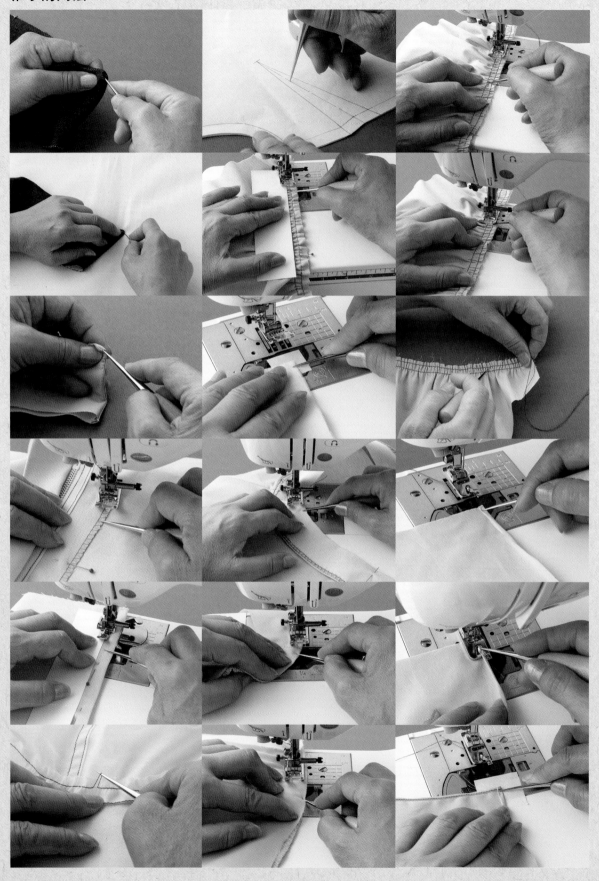

制衣专业技法

制衣技法速查

领口的制法

● 圆领：贴边处理（P32）

● 圆领：斜裁布处理（P35）

● 圆领：贴边处理、带里布（P38）

● V领：斜裁布处理（P40）

领子的制法

● V领：贴边处理、带里布（P43）

● 衬衫领（P45）

● 有底领的衬衫领（P53）

开口的制法

● 衣衩：贴边处理（P57）

● 衣衩：滚边处理（P58）

● 衩条开襟（P60）

● 简单暗门襟（P62）

● 袖口衩条开口&带袖克夫（P64）

● 隐形拉链开口（P67）

● 隐形拉链开口：有剪接线的情况（P71）

● 拉链开口：裙子的侧边（P72）

● 裤子的前拉链开口（P75）

衣袋的制法

● 裤子的前纽扣开口：带里布（P79）

●明袋：方形（P81）

●明袋：底部三角形（P83）

●明袋：底部弧形（P84）

●利用侧缝线迹的衣袋：袋缝、侧缝缝份倒向一边（P85）

●利用侧缝线迹的衣袋：打开侧缝缝份（P88）

●单侧镶边口袋：袋布1片（P90）

●单侧镶边口袋：袋布2片、纽扣固定（P94）

袖子的制法

●灯笼袖（P97）

●衬衫袖的上袖（P100）

● 衬衫袖的上袖：折边叠缝（P102）

●衬衫袖的上袖：袋缝（P104）

●装袖的上袖：有缩缝（P105）

褶裥的制法

●褶裥的折法（P108）

针织面料的制法

●针织面料的圆领：同种面料的布条处理（P112）

●针织面料的圆领：连接领口布（P114）

●在下摆连接罗纹针织面料（P116）

圆领：贴边处理…布：平纹棉布

  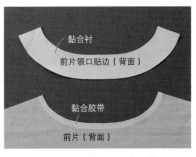

1 将身片、贴边的领口留1cm缝份剪下。在前后身片背面的领口缝份上粘贴黏合胶带，在贴边的背面粘贴黏合衬。

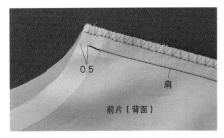 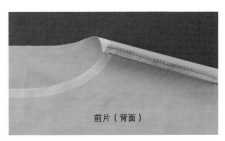

2 将前后身片的肩正面相对缝合。领口一侧，为了防止缝份拉扯，在布边留出0.5cm不缝。将2片缝份一起车缝包边针迹（或用曲折针迹）。

3 将身片的肩的缝份倒向后侧，用熨斗烫平。

 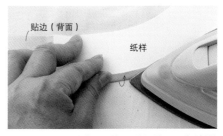

4 用明信片厚的纸制作前、后贴边的纸样，并将外围的缝份剪掉。

5 在前后贴边的背面，放上4的纸样，用熨斗折叠外围的缝份。

黏合衬的贴法

- 先将黏合衬粘在要用的布的零料上，确认黏后的感觉。
- 粘贴黏合衬时，为避免渗出的黏合剂沾在熨斗底部，需要垫一张牛皮纸再熨烫。也可安装上市售的"熨斗底套"直接熨烫。

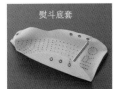  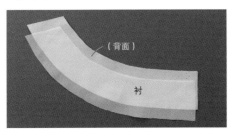 

1 将黏合衬剪成与贴边相同的大小，将有黏合剂的一面（粗糙的一面）重叠在贴边的背面。

2 用力按压熨斗，粘贴牢固。熨斗不要在衬上滑动，拿起后再移动，将衬完全粘贴在贴边上。

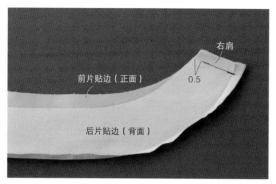

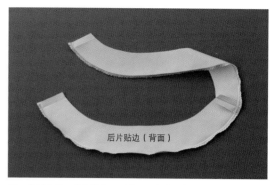

6　将前后贴边正面相对，只缝合右肩。为了防止缝份拉扯，在布边留出0.5cm不缝。靠近外围时，越过缝份多缝1针再停止缝合。

7　将贴边的右肩缝份分开，外围的缝份边缘车缝包边针迹。

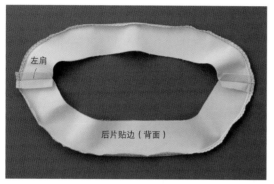

8　缝合贴边的左肩，打开缝份。

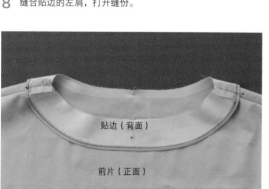

9　一边整理在5中折叠的贴边外围的缝份，一边从贴边外围的正面车缝出线迹。

10　将贴边与身片正面相对放在领口上，肩部、前后中心对齐，用珠针固定。

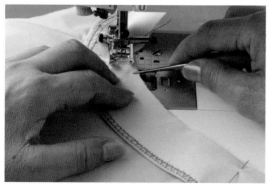

11　将领口车缝一周。以针板上1cm（缝份）的标线为标准，从肩部开始缝合，到凹弧部分，一边将车缝处的布拉直，一边车缝。

12 在线迹外0.5~0.6cm的缝份中，以压脚的宽度为标准，用较粗的针脚车缝一次性线迹。这个一次性线迹，是为了将缝份剪得整齐的引导线。

13 沿着一次性线迹，剪掉缝份。

14 将领口缝份沿着线迹的边缘，用熨斗向身片一侧折叠。

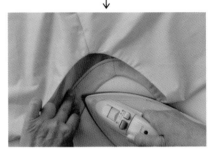

15 将贴边翻至身片的背面，稍稍缩进，熨烫领口。一边用左手指尖使缩进的部分保持均匀，一边用熨斗的前端熨烫领口部分。

16 领口用熨斗烫平的状态。

17 避开身片，将领口缝份倒向贴边一侧，从贴边的正面，只在贴边和缝份的边缘车缝压边线。

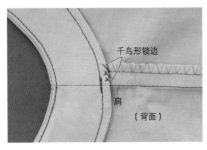

18 用千鸟形锁边将贴边固定在肩的缝份上。

19 制作完成。

圆领：斜裁布处理 …布：平纹棉布

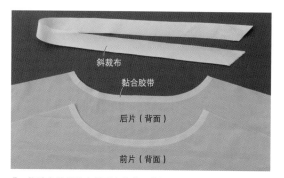

1　将黏合胶带贴在前后身片背面的领口缝份上。领口的处理使用斜裁布，剪成2.5～3cm宽，领口尺寸加5～10cm长。

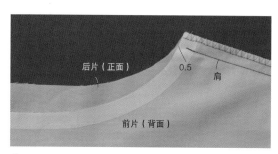

2　将前后身片的肩正面相对缝合。领口一侧，为了防止缝份拉扯，在布边留出0.5cm空白。将2片缝份一起车缝包边针迹（或用曲折针迹），缝份倒向后侧。

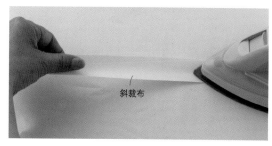

3　用熨斗压住斜裁布，一边拉紧一边熨烫平整。

黏合胶带的贴法

●为了防止领口、袖口、衣袋口等的拉伸，粘贴黏合胶带。另外，为了使牙口位置更结实，也可用黏合胶带代替胶衬。

●盖住缝合线，将黏合胶衬粘贴在缝份上。比如，1cm的缝份使用1.2cm的黏合胶带。如果使用1cm的黏合胶带，就从布边向内侧移动0.2cm，盖住缝合线。

1　直线部分，将黏合胶带平直粘贴。

2　凹弧部分，将黏合胶带的下端平放在领口上，上端多余的部分成蓬松状，用熨斗的顶端只熨烫胶带的下端。黏合胶带不要拉伸，可以稍稍放松一些。

3　用指尖将上端蓬松的部分均匀分散，用熨斗按压粘贴。

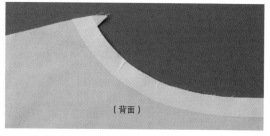

4　熨烫整个领口，制作完成。

4 从左肩开始，将斜裁布与身片的后领口正面相对。将斜裁布，从左肩沿着领口的布边向外错开2cm左右，沿着肩缝线剪掉斜裁布。

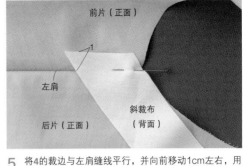

5 将4的裁边与左肩缝线平行，并向前移动1cm左右，用珠针固定在肩部。

6 从肩至4cm处，将斜裁布平铺在身片领口的完成线位置，用珠针固定，并从此处开始车缝。

7 从珠针的位置，倒缝2~3针后开始车缝。一边将斜裁布与领口的布边对齐，一边将斜裁布平铺在完成线的位置（车缝处）继续车缝。

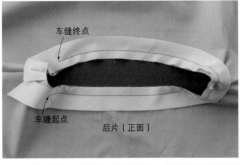

8 转圈车缝，在左肩前的4~5cm处倒缝2~3针后停止车缝。从此处至肩部，按照与6相同的要点，将斜裁布平铺在领口上，用珠针固定。然后将斜裁布与肩缝线平行，留1cm缝份，剪掉多余的部分。

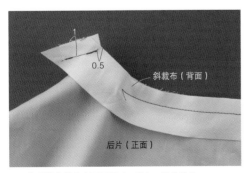

9 将斜裁布的左肩正面相对，留1cm缝份缝合。

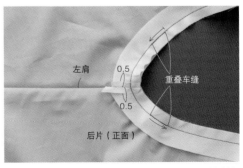

10 将9的缝份剪成0.5cm后分开，缝合领口剩余的部分。在车缝起点与终点处，在8的车缝线迹上重叠车缝2cm。

11 在领口线迹外0.5~0.6cm的缝份中，车缝一次性线迹。沿着一次性线迹，将缝份剪掉。
→P34步骤**12~13**

13 将斜裁布折向身片的背面，稍稍缩进，用熨斗烫平。

15 将**14**的缝份从**13**的折山处折叠，倒向身片一侧，再次用熨斗烫平，形成三折。

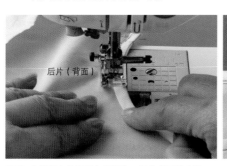

17 在斜裁布的顶端车缝线迹。从左肩开始车缝。

12 只将斜裁布翻至正面，从正面烫平。

14 将**13**的折痕暂时打开，斜裁布的布边对齐线迹折叠，包裹住领口的缝份。

16 将三折后的斜裁布用珠针固定。

18 制作完成。

圆领：贴边处理、带里布…布：厚羊毛布料

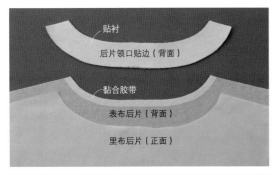

贴衬

后片领口贴边（背面）

黏合胶带

表布后片（背面）

里布后片（正面）

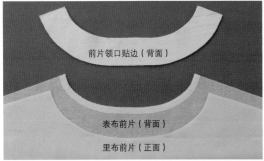

前片领口贴边（背面）

表布前片（背面）

里布前片（正面）

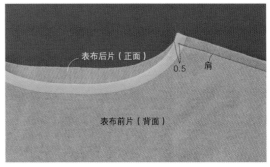

表布后片（正面）

0.5

肩

表布前片（背面）

1 在前后身片表布的背面领口缝份上粘贴黏合胶带。在前后贴边的背面粘贴胶衬。

2 将表布前后身片的肩正面相对缝合。领口一侧，为了防止缝份拉扯，在布边留出0.5cm不缝。缝份分开。

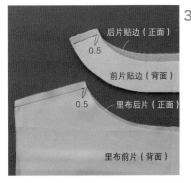

后片贴边（正面）

0.5

前片贴边（背面）

里布后片（正面）

0.5

里布前片（背面）

3 分别将贴边和里布身片的前后正面相对缝合肩部。分别在领口一侧留出0.5cm开始缝合。分开贴边的肩部缝份，将里布的缝份倒向后侧。

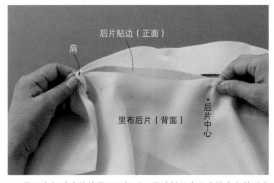

后片贴边（正面）

肩

里布后片（背面）

后片中心

4 将里布与贴边的外围正面相对，用珠针固定左右的肩和前后中心。

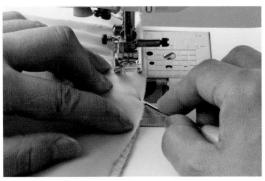

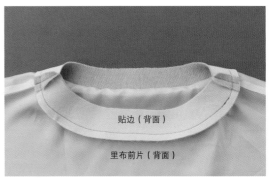

贴边（背面）

里布前片（背面）

5 将里布与贴边缝合。这时，如果将里布放在下面车缝，缝纫机的送布牙容易将里布卷入，所以将里布放在上面，从左肩的位置开始车缝。将两片布的布边对齐，用锥子压住，一边将车缝处的布拉直，一边车缝。缝份倒向里布一侧，如果里布被拉扯，就在里布的缝份上剪入牙口。

6 将5的缝份倒向里布一侧，用熨斗烫平。

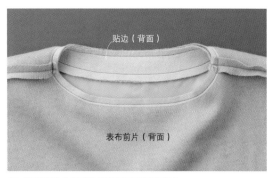

贴边（背面）

表布前片（背面）

7 将表布身片与贴边的领口正面相对缝合。

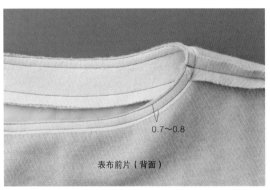

0.7～0.8

表布前片（背面）

8 在领口线迹外0.7～0.8cm的缝份中，用较粗的针脚车缝一次性线迹。

表布前片（背面）

9 从一次性线迹处剪掉缝份。这时，看着表布身片一侧来剪。

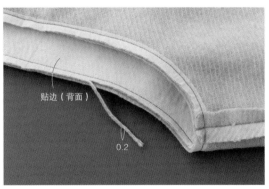

贴边（背面）

0.2

10 只将贴边的缝份，再减掉0.2cm，使表布身片与贴边的缝份出现不同的宽度。

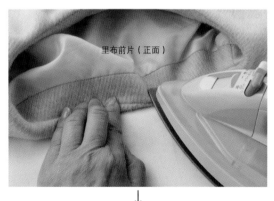

里布前片（正面）

↓

里布前片（正面）

0.2

11 翻至正面，用熨斗熨烫领口。用指尖将贴边缩进后再稍稍松回，露出身片的领口部分0.2cm左右，一边整理一边用熨斗烫平。

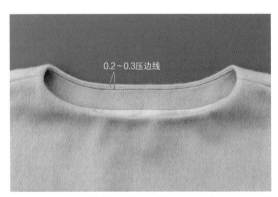

0.2～0.3压边线

12 只在贴边和缝份的边缘车缝压边线（→P34步骤17），用熨斗烫平。制作完成。

V领：斜裁布处理···布：平纹棉布

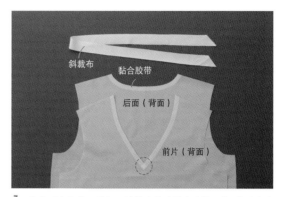

1 在前后身片背面的领口缝份上粘贴黏合胶带，在V的顶角完成位置上做出标记。斜裁布剪成2.5～3cm宽，领口尺寸＋5～10cm长。

2 将前后身片的肩正面相对缝合。领口一侧，为了防止缝份拉扯，在布边留出0.5cm不缝。将2片缝份一起车缝包边针迹（或用曲折针迹），缝份倒向后侧。

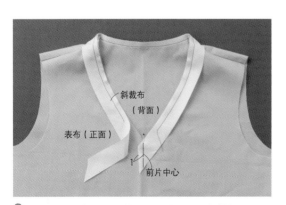

→

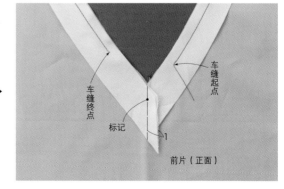

3 将斜裁布用熨斗轻轻拉伸（→P35步骤**3**）。将斜裁布与身片的后领口正面相对，留出V角左右两侧4～5cm车缝。这时，将斜裁布的起点与终点，从V的中心留出1cm缝份，剪掉多余的部分，然后将1的标记拓写到斜裁布上。

4 将斜裁布的两端正面相对，从标记处车缝1cm左右（斜裁布的完成宽度＋0.2~0.3cm）。

5 将4的缝份分开，在V角没有缝合的位置车缝。从V角左右1cm的距离内，用较细的针脚车缝。

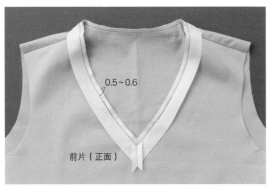

6 在领口线迹外0.5~0.6cm的缝份中车缝一次性线迹，从一次性线迹处剪掉缝份。→P34步骤**12~13**

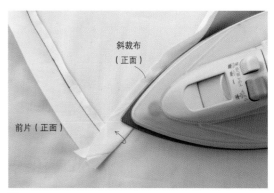

7 只将斜裁布条翻至正面，从线迹处用熨斗折叠。

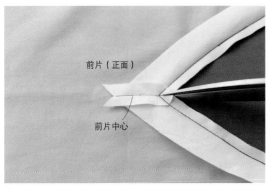

8 将7的折痕打开，分开斜裁布，在身片V的缝份上剪牙口。

9 将斜裁布的边缘对齐领口的线迹，折叠包裹住缝份。

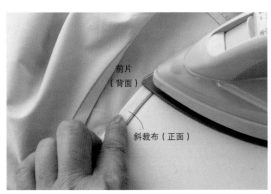

10 将包好的缝份翻向身体的背面，稍稍缩进斜裁布，除了V的部分用熨斗烫平。

11 处理V角。先将V角一侧的斜裁布三折。

12 将在11中折好的斜裁布的顶端，像图中一样在背面剪掉。

13 将V角另一侧的斜裁布三折。

14 将13中斜裁布多出的部分，像图中一样向内折，剪掉多余的部分。

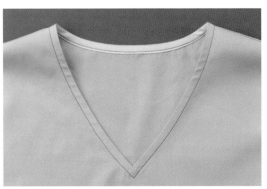

15 用熨斗烫平，在斜裁布的边缘车缝出线迹。制作完成。

V领：贴边处理、带里布…布：羊毛乔其纱

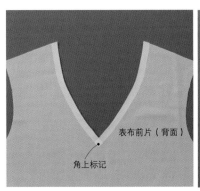

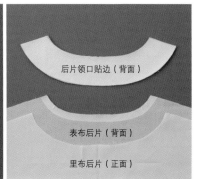

1 在前后表布身片的背面领口缝份上粘贴黏合胶带。在前后贴边的背面粘贴胶衬。分别在V的顶角上做出标记。带里布时，V的前片中心使用表布折双裁剪（一片式）或贴边和里布车缝线迹（两片式）的方法更易缝制。

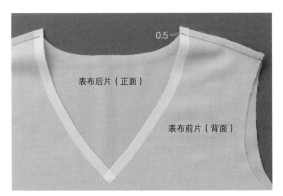

2 将表布身片的前后肩部正面相对缝合。领口一侧，为了防止缝份拉扯，在布边留出0.5cm不缝。分开缝份。

3 将前后贴边的肩部正面相对，领口一侧在布边留出0.5cm不缝。分开缝份。

4 缝合里布的肩部，缝份倒向后侧。然后，缝合贴边与里布。（→P38步骤**4**、**5**）

5 将贴边与里布的前片中心连续缝合。从领口一侧的角的标记开始向下车缝，打开缝份。

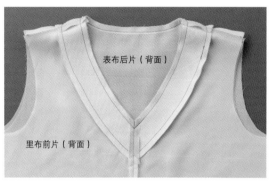

6 将表布前片与里布前片正面相对缝合领口。从V的顶角开始车缝，转圈车缝1周，在车缝起点的线迹上，重叠车缝2cm左右停止车缝。

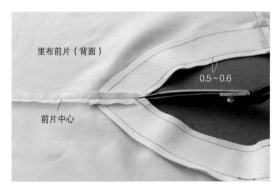

7 在领口线迹外0.5~0.6cm的缝份中车缝一次性线迹，从一次性线迹处剪掉缝份（→P34步骤**12**、**13**）。然后，分开贴边的缝份，在身片V的缝份上剪入牙口。

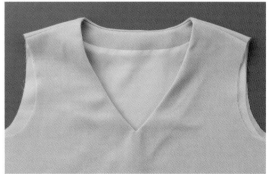

8 翻至正面，稍稍缩进贴边，用熨斗烫平。在贴边和缝份的边缘车缝压边线（→P34步骤**14**、**17**）。制作完成。

领子的制法
衬衫领···布：厚牛仔布

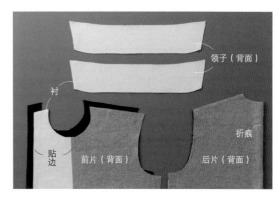

1 领子留1cm缝份裁下，在领子和前端贴边的背面粘贴胶衬。

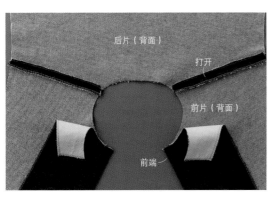

2 将前端折至完成的状态，用熨斗烫平，缝合肩部，打开缝份。

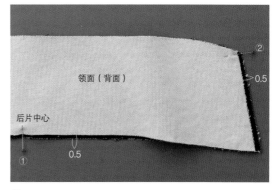

3 将两片领子正面相对重叠，布边错开0.5cm，用珠针固定后片中心①和前片中心②。缩进0.5cm的上侧就是领面。另外，如果使用平纹棉布，缩进0.2～0.3cm即可。

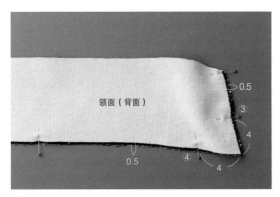

4 错开0.5cm平整对齐，在距离领尖4cm左右的位置用珠针固定。

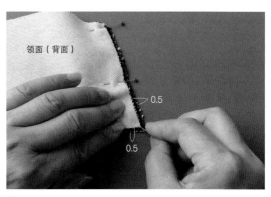

5 将领尖平行错开0.5cm，用珠针固定。

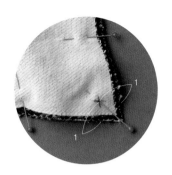

6 另一边也用相同的方法固定珠针，在领尖的顶角做出标记。在这里缩进的部分，使领子翻折后领面更加蓬松。

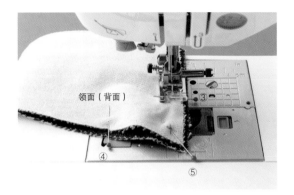

7 领面在上，以距离领底（下侧的领子）布边1cm宽的缝份，车缝外围。首先，在珠针②~③的位置平整车缝。

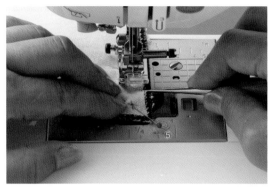

8 在③~⑤的位置，用左手均匀压住领面蓬松的部分，布边一侧一边用锥子压住一边车缝。

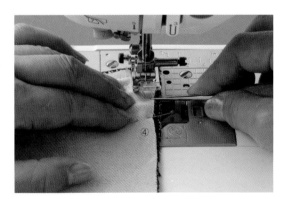

9 在⑤的顶角改变车缝方向，按照与8相同的要领，车缝到④。

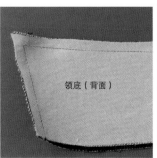

10 在④~①的位置，平整车缝，剩余的部分按照相同的要领车缝。领尖蓬松缝好。

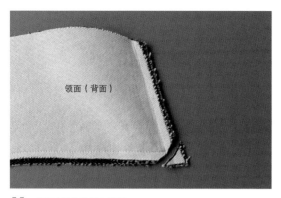

11 将领尖的缝份斜向剪下。

12 用熨斗将领子外围的缝份从线迹处折向领面一侧。特别是领尖，要仔细折叠，用熨斗充分按压。

→

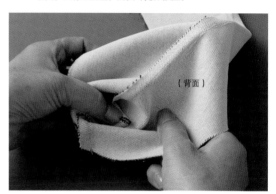

13 将领子翻至正面。用手指紧紧按住领尖折叠的缝份，直接翻过来。

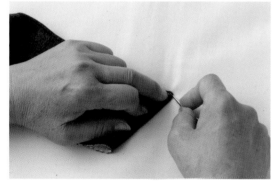

14 用锥子仔细拉出领子的顶角，调整形状。

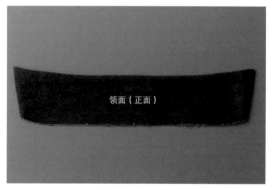

15 稍稍缩进领底，用熨斗烫平。

缩进

领底（正面）

16 将领子像图中一样拿在手里，确认左右领尖的形状。

17 从领面的一侧，在领子的外围上车缝线迹。

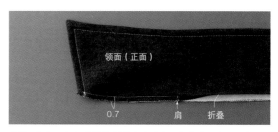

18 将领面与领底前接侧的布边对齐，在缝份上车缝一次性线迹至肩部的合印标记处。后侧，只将领面的缝份用熨斗向内侧熨烫折叠。

19 避开前端贴边，将领底一侧与身片的领口正面相对重叠，用珠针固定前后中心、肩部。

20 从连接领子起点至肩部，在翻领线的缝份上车缝临时线迹。

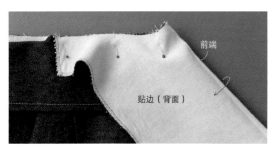

21 将前端边正面相对折叠，重叠在领口上，用珠针固定。

22 从前端至肩的线迹，将领子车缝在前领口上。夹住连接领子起点，将针脚调细，左右各空出0.5cm车缝，在身片的肩的线迹处停止车缝。

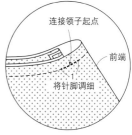

23 从肩部开始车缝后片领口。这时，将领面分开，只将领底和身片的领口从左肩缝到右肩。

24 暂时将贴边翻至正面，重合左右的领子，确认领宽。如果长度不同就重新车缝。

贴边（背面）

连接领子起点

25 将贴边翻回正面相对，在连接领子起点的身片缝份上剪入牙口。

贴边（背面）

26 在22的肩部，停止车缝位置的缝份上，斜向剪入牙口。因为重叠了几片布，所以不易剪开时，可以从上至下每2~3片剪一次。

后片（背面）　　　　领面（正面）

贴边（正面）

27 将贴边翻至正面，整理平整。将前贴边的肩重叠在身片的肩上，用珠针固定。

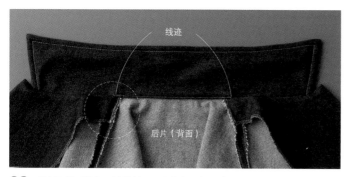

线迹

后片（背面）

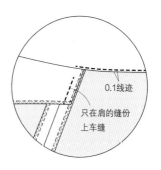

0.1线迹

只在肩的缝份上车缝

28 将领面的后片领口缝份折入。用线迹固定。避开身片，将前贴边的肩部缝份，只车缝固定在后片的肩部缝份上，领口一侧缝到能缝的位置。

29 制作完成。

小圆角领尖的缝法···布：平纹棉布

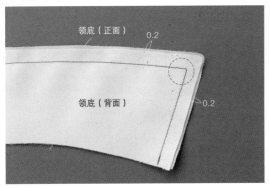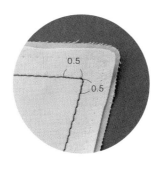

1 将2片领子正面相对，外围错开0.2cm缝合（→P45~46步骤**3~10**）。这时，将领尖的前后0.5cm针脚调小后车缝。因为小圆部分需要将缝份剪至车缝线迹的边缘，所以为了防止线迹散开，也为了更容易缝出小弧度，所以将针脚调小。

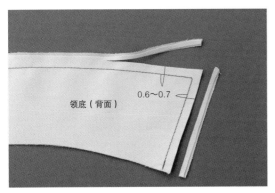

2 将领子的外围缝份剪至0.6~0.7cm左右。

3 用明信片厚的纸制作领尖的纸样。将纸样重叠在领面的背面，除去领尖的部分，用熨斗折叠外围的缝份。使用纸样，也是为了使领尖的形状左右对称。

4 将纸样放在领尖上，打开领尖处折叠的缝份，将小圆角的缝份剪至距车缝线迹0.1cm左右。

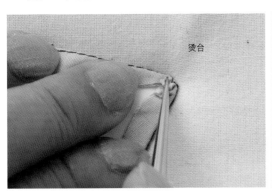

5 将小圆角的缝份从车缝线迹处用锥子折叠，再用熨斗用力按压定型。

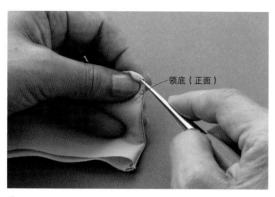

6 将领子翻至正面。用锥子拉出领子的小圆角，调整形状。

7 将领底一侧稍稍缩进，用熨斗烫平外围。

尖锐领尖的缝法…布：雪纺乔其纱

使用乔其纱等薄而柔软的布料缝制领尖较细的领子时，领尖会变得又瘦又窄。为了防止领尖变窄，缝的时候，比领尖的完成线膨出一点（图A），就能做出漂亮的形状。而且，雪纺乔其纱是很容易露出针孔的布料，所以要垫纸（牛皮纸或描图纸等）车缝。

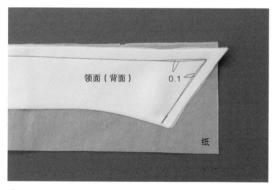

A 雪纺乔其纱的领子，领尖处在距离完成线0.1cm的缝份内车缝。

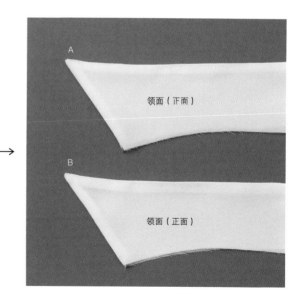

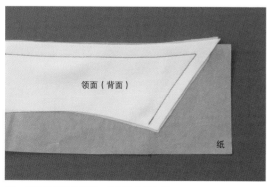

B 雪纺乔其纱的领子，按照完成线车缝。

圆形衬衫领的缝法…布：平纹棉布

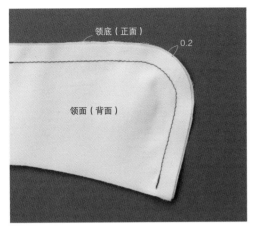

领底（正面）
0.2
领面（背面）

1 将2片领子正面相对，领子外围错开0.2车缝。→P45、46步骤**3～10**

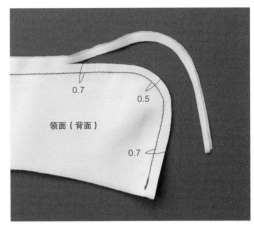

0.7
0.5
领面（背面）
0.7

2 剪缝份。圆弧部分剪至0.5cm，直线部分剪至0.7cm。

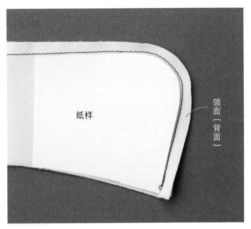

纸样
领面（背面）

3 用明信片厚的纸做成圆弧部分的纸样，重叠在领面的背面。

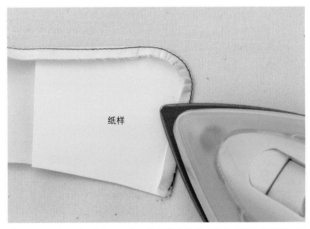

纸样

4 将纸样作为熨烫的标尺，领子外围的缝份从车缝线迹处向上折叠。圆弧部分，为了不让缝份出现大的褶皱，所以要折均匀的小褶皱，一边做出漂亮的圆弧，一边用熨斗熨烫。

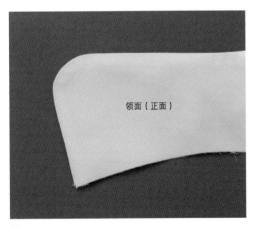

领面（正面）

5 翻至正面，稍稍缩进领底，用熨斗烫平。

有底领的衬衫领…布：平纹棉布

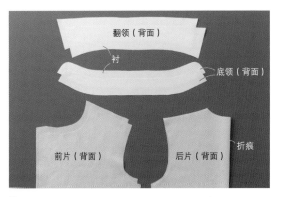

1 在底领、翻领的背面粘贴胶衬。

2 将身片的前端三折并烫平，缝合肩部。将2片缝份一起车缝包边针迹（或用曲折针迹），缝份倒向后侧。

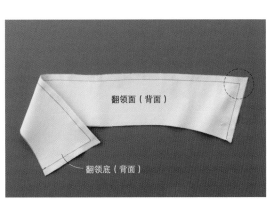

3 将2片翻领的外围错开0.2cm后缝合。→P45~46步骤**3 ~ 10**

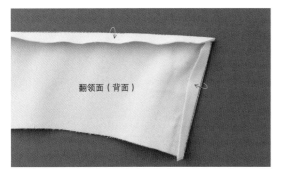

4 将翻领顶角的缝份斜向剪掉（→P47 11），将外围的缝份用熨斗从车缝线迹处折向领面一侧。

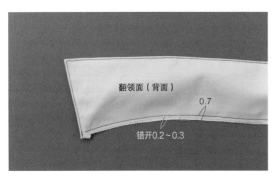

6 将翻领面的布边错开0.2～0.3cm，在翻领的下侧车缝压边线。

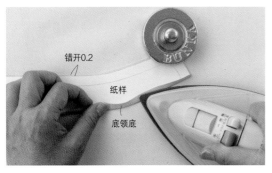

8 将7的纸样重叠在另1片底领的背面，上端错开0.2cm，用熨斗折叠下侧的缝份。折叠的缝份比7少0.2cm。这是底领底。

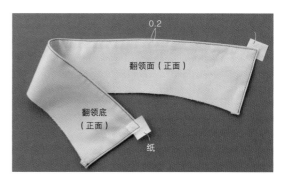

5 将翻领翻至正面，稍稍缩进翻领底，用熨斗烫平，从领面一侧在外围的边缘车缝线迹。因为领尖的顶角处缝纫机不易前进，所以在下面垫纸，就能顺利进行车缝了。最后将纸撕开取下即可。

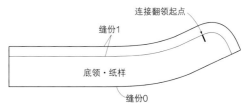

7 用明信片厚的纸制作底领的纸样。将纸样重叠在底领上，布与纸样的上端边缘对齐，用熨斗折叠下侧（连接身片一侧），用熨斗折叠缝份。这样，底领面就做好了。

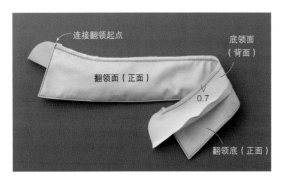

9 将底领面与翻领底正面相对，在缝份上车缝临时线迹。

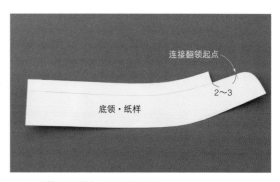

10 剪掉7的纸样中圆弧部分的缝份。

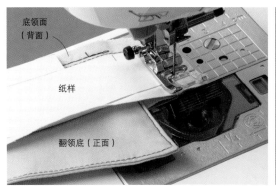 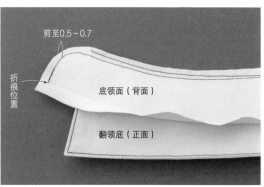

11 将底领底与9的翻领正面相对，使翻领夹在底领中间，从底领面一侧车缝。为了让左右底领的顶端圆弧保持一致，重叠10的纸样车缝，或是在车缝前放上纸样，画出圆弧部分的完成线。另外，车缝起点与终点，都在底领面的下侧折痕位置。车缝结束后，将弧线的缝份剪至0.5～0.7cm。

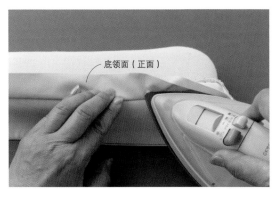 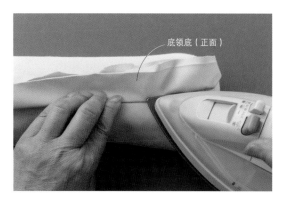

12 将底领面翻至正面，将缝份倒向底领面一侧，直到连接翻领终点的位置，用熨斗烫平。这时，为了不熨烫到翻领，需要使用烫台的顶端或烫枕。

13 将底领底也翻至正面，按照与12相同的要领，熨烫底领。

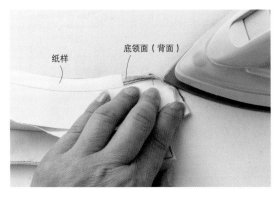 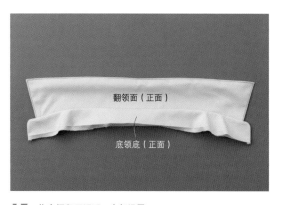

14 将10的纸样放在底领面的背面，用熨斗在线迹处折叠圆弧的缝份。使用熨斗的前端，在缝份上熨烫出均匀的褶皱。

15 将底领翻至正面，全部烫平。

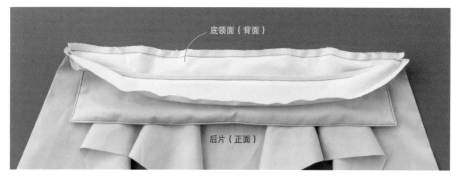

底领面（背面）

后片（正面）

16 将底领面与身片的领口正面相对，分开底领底，将底领面车缝在领口上。这时，将底领从身片的前端缩进0.1~0.2cm对齐，翻至正面时底领就不易撅出了。

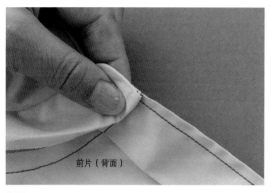

前片（背面）

17 翻至正面，**16**的缝份倒向底领一侧，将底领前端的缝份仔细折入。

底领面

前片（正面）

18 将底领底的连接一侧的缝份，在8的折痕处折叠，从底领面一侧用珠针固定在线迹上。

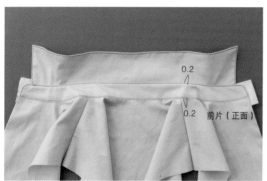

0.2

0.2 前片（正面）

底领底（正面）

纸

前片（背面）

19 从底领面一侧，在底领的一周车缝。在底领底一侧垫纸（牛皮纸或描图纸等）车缝底领顶端。这样做是为了让缝纫机顺利送布，并能防止弧线部分被拉扯。

20 将领底顶端的纸撕开取下，用熨斗烫平底领。

衣袢: 贴边处理···布: 羊毛乔其纱

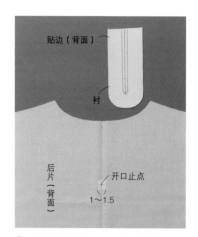

1 在后身片背面的开口止点上粘贴胶衬,
画出开口止点标记。在贴边的背面粘贴
胶衬,画出开口的完成线。

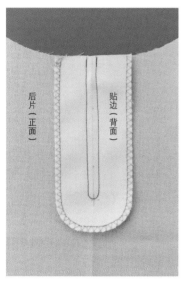

2 在贴边的外围车缝包边针迹(或用曲折针迹),与后身片正面相
对,将开口车缝U字。这时,开口止点前后0.5cm的位置需将针
脚调细。→右下图

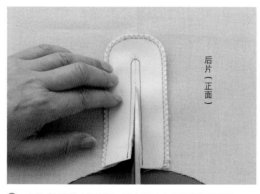

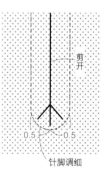

3 在缝成U字的中间剪开。再在开口止点剪出羽毛状牙口。

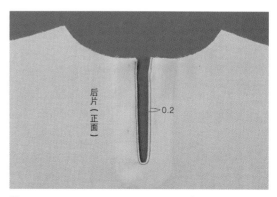

4 将贴边翻至身片的背面,稍稍缩进,用熨斗烫平。

5 从身片的正面在开口上车缝线迹。制作完成。

衣衩：滚边处理…布：雪纺乔其纱

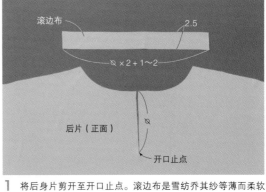

1 将后身片剪开至开口止点。滚边布是雪纺乔其纱等薄而柔软的布料时，将布纵向剪裁使用更易缝制。即使是普通布料或薄布，如果有弹性，斜向剪裁更易使用。另外，根据滚边布的连接方法，长度多2~3cm更易缝制。

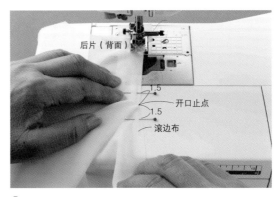

2 将剪开开口的后身片拉直，与滚边布正面相对，在开口止点的上下1.5cm处用珠针固定。

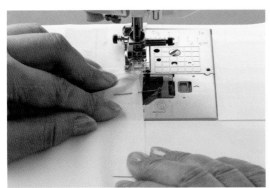

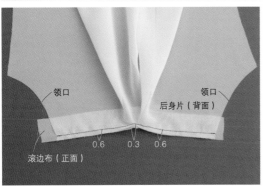

3 从上方到珠针的位置用0.6cm针脚车缝，珠针中间将针脚调细，用0.3cm针脚车缝。

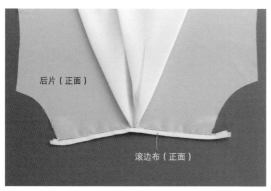

后片（正面）

滚边布（正面）

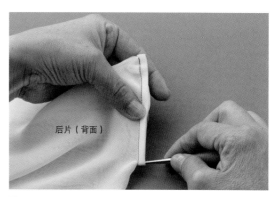

后片（背面）

5 将开口的滚边正面相对，在开口止点用锥子下拉，整理平整。这是为了去掉斜裁布的张力，且容易在开口止点车缝固定线迹。

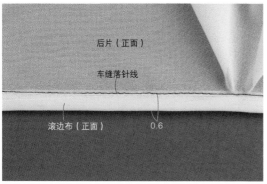

后片（正面）

车缝落针线

滚边布（正面）　0.6

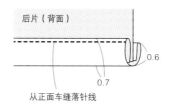

后片（背面）

0.6

0.7

从正面车缝落针线

4 用滚边布包裹缝份。滚边的宽度为，身片的正面0.6cm，背面0.7cm，用熨斗折叠，从后片正面在滚边布的边缘车缝落针线。用熨斗烫平，将多余的滚边布剪掉。

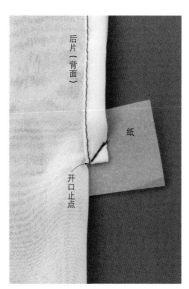

后片（背面）

纸

开口止点

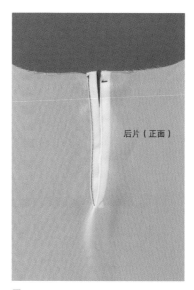

后片（正面）

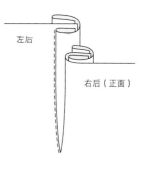

左后

右后（正面）

6 在开口止点的滚边布上，斜向车缝固定线迹。在下面垫纸（牛皮纸或描图纸等），反复车缝3~4次。

7 将开口止点的纸撕开取下，翻至正面。将右后的滚边折至身片的背面，用熨斗烫平。制作完成。

衩条开襟…布：平纹棉布

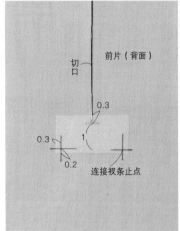

1 在前片的连接衩条止点上粘贴胶衬，在中间剪开，直到连接衩条止点的上面1cm处。

2 在右前衩条和左前衩条外侧的背面，粘贴胶衬。

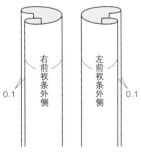

3 将衩条布按照先下端再两侧的顺序，用熨斗将缝份折向背面，然后再向背面对折。对折时，左右衩条布都将外侧向内缩进0.1cm左右折叠。

4 将右前祛条的内侧和左前祛条的外侧，像图中一样剪掉。

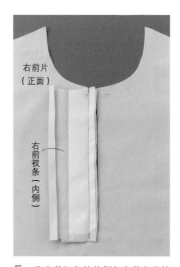

5 将右前祛条的外侧与右前身片的连接祛条位置正面相对，缝合。

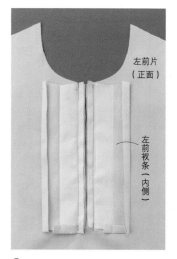

6 将左前祛条的外侧与左前身片的连接祛条位置正面相对，缝合。

7 避开祛条布的缝份，在身片的右前祛条的连接止点上，斜向剪入牙口。

8 避开左前身片，用右前祛条夹住缝份，从祛条表布一侧，在祛条布的边缘车出线迹。

9 按照与8相同的要领，用左前祛条夹住缝份，在祛条布的边缘车出线迹。

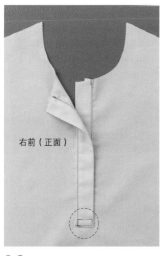

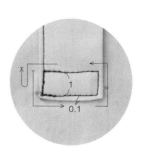

10 右前在上，重叠左右的祛条，缝合固定下端。制作完成。

简单暗门襟…布：平纹棉布

【纸样】

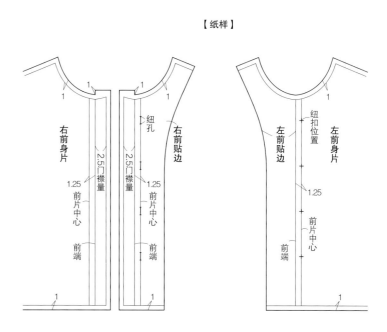

右前身片　2.5门襟量　1.25　前片中心　前端

纽孔　2.5门襟量　1.25　前片中心　前端　右前贴边

左前贴边　纽扣位置　1.25　前片中心　前端　左前身片

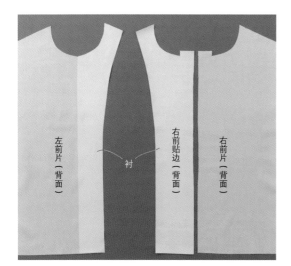

左前片（背面）　衬　右前贴边（背面）　右前片（背面）

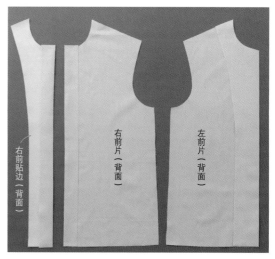

右前贴边（背面）　右前片（背面）　左前片（背面）

1 在右前贴边的背面和左前身片贴边部分的背面粘贴胶衬。

2 将右前身片和右前贴边的门襟部分，左前身片的贴边部分，分别用熨斗向背面折叠。

3 在左右贴边的内侧分别车缝包边针迹（或用曲折针迹）。在右前贴边门襟布折叠的状态下，制作纽孔。

4 将右前身片和右前贴边的门襟顶端正面相对，缝合。将2片缝份一起用包边针迹处理。

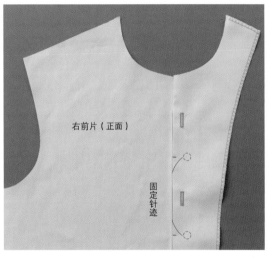

5 避开右前身片，在纽孔的中间车缝固定针迹。固定针迹从前端开始横向缝3~4针，重复3~4次。

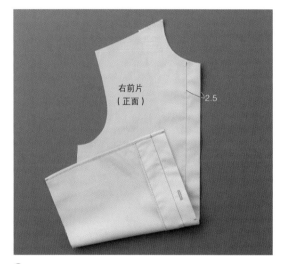

6 将右前贴边，翻至身片的背面，用熨斗烫平，在前端车缝线迹。然后将下摆缝份三折，车缝线迹。贴边的下摆如果暗缝固定，则在暗缝之后再车缝前端的线迹。

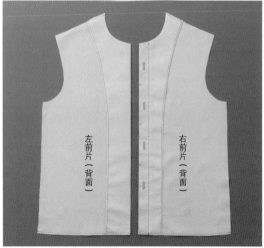

7 将左前身片的前端烫平，将下摆三折后车缝。制作完成。

袖衩条开口和袖克夫…布：平纹棉布

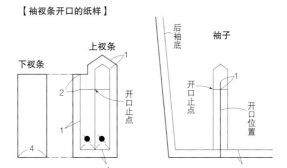

【袖衩条开口的纸样】

下衩条　上衩条

袖子

后袖底

开口止点

开口位置

开口止点

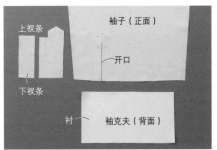

袖子（正面）

上衩条

下衩条

开口

衬　袖克夫（背面）

1 在袖子的连接衩条位置做出标记，剪开开口。在袖克夫的背面粘贴胶衬。

上衩条内侧（背面）

纸样

上衩条外侧（背面）

2 用明信片厚的纸制作衩条外侧的纸样。将这个厚纸放在上衩条的背面，折叠外侧的缝份。

上衩条内侧（正面）

3 垫着纸样，将上衩条的内侧折至正面向外。

折叠缝份

上衩条内侧（正面）

4 折入上衩条内侧的缝份，再折叠三角部分的缝份，取出纸样。

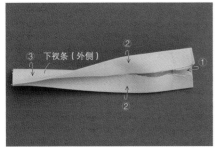

下衩条（外侧）

5 下衩条，将上端折叠1cm之后，折成1cm宽的四折。

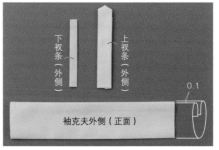

下衩条（外侧）　上衩条（外侧）

袖克夫外侧（正面）

0.1

6 将袖克夫的长边折叠缝份后，再对折。再将袖克夫外侧缩进0.1cm，用熨斗烫平。各部件就准备好了。

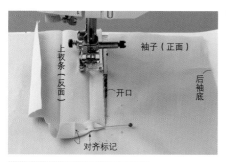

7 将上衩条外侧与袖子的上衩条位置正面相对缝
  合。上衩条上端的缝份需折叠着车缝。

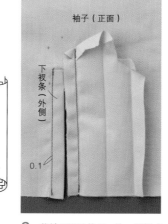

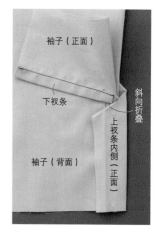

8 将袖子开口的另一边，用折成
  四折的下衩条夹住，缝合。

9 将上衩条上端的缝份折成三角
  形，然后将上衩条外侧正面向
  外折叠，也就是使上衩条外侧
  斜向折叠，对齐下衩条的上端
  （开口止点）。

10 折叠上衩条内侧边缘的缝份，
   从上衩条外侧用珠针固定。

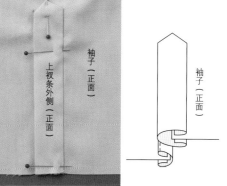

11 将上衩条重叠在下衩条上，
   烫平，将上衩条的上端对齐
   袖子的标记，用珠针固定。

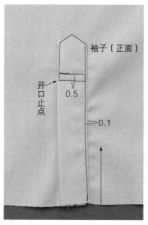

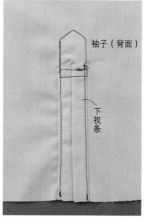

12 沿着上衩条的连接一侧~上端~开口止点，连
   续车缝出线迹。袖口的衩条开口制作完成。

13 折叠袖口的褶，用车缝固定缝份，缝合袖底。在袖底缝份上车缝包边针迹（或用曲折针迹）。

14 将袖克夫正面相对，缝合两端。这时，为了使袖克夫有蓬松度，将袖克夫外侧缩进0.1~0.2cm，上端缝到折山处。

袖子（背面）

袖底

打褶

袖克夫外侧（背面）

至折山

袖克夫外侧（背面）

错开0.1~0.2

1

袖克夫外侧（正面）

袖克夫内侧（背面）

袖子（背面）

袖克夫外侧（正面）

15 将袖克夫翻至正面，袖克夫外侧的缝份向内折，用熨斗烫平。

16 将袖口的背面与袖克夫内侧的正面相对，避开袖克夫外侧，缝合。

17 将16中连接袖克夫的缝份倒向袖克夫一侧，将袖克夫外侧盖住缝份，整理平整。一边用锥子将顶端的缝份压入袖克夫中，一边用珠针固定。

袖克夫外侧（正面）

↓

袖克夫外侧（正面）

18 从袖克夫外侧，在袖克夫四周车缝线迹。因为顶端重叠着缝份，所以开始缝制时，先从顶端内1~2cm处向边缘车缝，然后再变换方向，从顶端开始转圈车缝，这样制作会更容易。

袖子（正面）

袖克夫外侧（正面）

0.1

19 在袖克夫的四周车缝一周线迹，制作完成。

隐形拉链开口…布：羊毛乔其纱

隐形拉链
请准备比连接尺寸长2cm以上的隐形拉链，并使用隐形拉链压脚车缝。

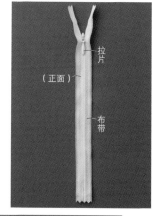

拉片
（正面）
布带

拉头
（背面）
咪齿
下止

后片（背面）
（背面）
开口止点

1 裙子的后片中心，留1cm缝份剪裁，缝份车缝包边针迹（或用曲折针迹）。如果是薄料或者不适合连接拉链的布料，需要事先在缝份上粘贴黏合胶带。然后，将左右的后片中心正面相对，从开口止点向下缝合。开口止点需要牢固倒缝。将隐形拉链对齐连接位置，在拉链背面标记开口止点。

右后片
（背面）
左后片
（背面）
开口止点

2 将后片中心的缝份，用熨斗分开至开口止点。

左后片
（正面）
拉链
（背面）
开口止点
下止

3 将拉链的下止移动到下端，打开拉链。将拉链的一边与后片中心的开口正面相对重叠，对齐开口止点与标记，用珠针固定上端和开口止点。因为布带的宽度为1cm左右，所以将缝份与布带边缘对齐固定。可以直接车缝，不过最好在中间用珠针或布用胶棒固定两三处再缝。

薄料的情况

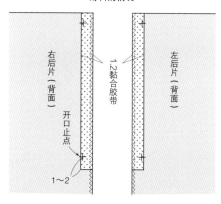

右后片（背面）
左后片（背面）
1.2黏合胶带
开口止点
1～2

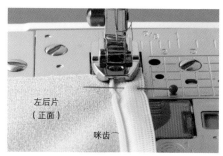

左后片
（正面）
咪齿

4 将缝纫机的压脚换成隐形拉链压脚，从上端开始缝到开口止点。首先，正对压脚，将拉链的咪齿嵌入左侧的槽中。

5　在起点倒缝，用指尖立起咪齿，一边嵌入压脚的槽，一边车缝。

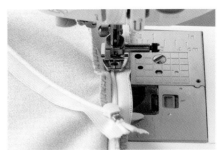

6　缝到开口止点，倒缝固定。

右后片（正面）

7　将拉链的另一边，与3相同用珠针固定在有后片中心的开口上，正对压脚，将拉链的咪齿嵌入右侧的槽中，开始车缝。

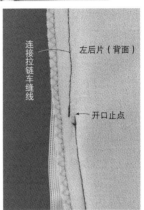

连接拉链车缝线

左后片（背面）

开口止点

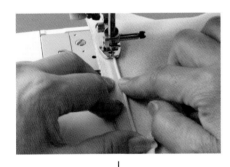

↓

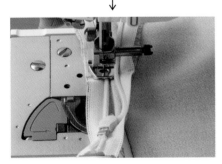

8　按照与5、6相同的要领，缝到开口止点。

有后片（正面）

左后片（背面）

9　连接拉链车缝线，车缝结束。

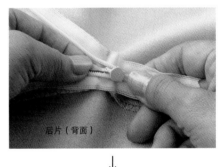

后片（背面）

↓

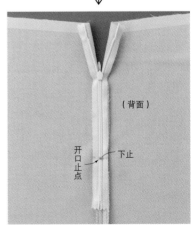

（背面）

开口止点　下止

10　从开口止点的缝隙中，拉出拉链的拉片，将拉头拉至上端。然后将下止移动到开口止点。

11 用钳子固定下止，使其不要移动。

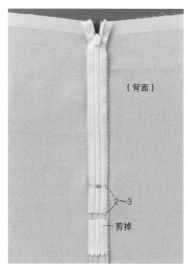

（背面）

2~3

剪掉

12 在拉链闭合的状态下，从正面用熨斗
烫平。如果开口止点下的拉链过长，
保留2~3cm，多余的用剪刀剪掉。

（背面）

13 将压脚换成普通压脚，将布带车缝固定在缝
份上。打开一半拉链，先缝到拉头的位置。

14 拉头妨碍车缝后，在针刺入布中的状态下，
停下缝纫机，抬起压脚，拉动拉片，将拉头
移动至压脚的后侧。

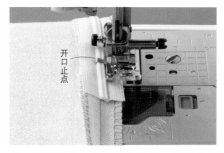

开口
止点

15 放下压脚，继续缝到开口止点或拉链的下
端。

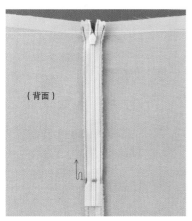

（背面）

16 另一侧的布带也用相同的方法车缝固
定，不过是从开口止点向上端车缝。
拉链的下端，最好像P71步骤5一样用
布包起来。

（正面）

17 隐形拉链连接好了。如果不连接里
布，这样就制作完成了。

带里布的情况

18 里布的后片中心，留1cm缝份剪裁。从开口止点下方2cm开始缝合至下摆。

19 将在18中缝好的后片中心的缝份，用熨斗打开。

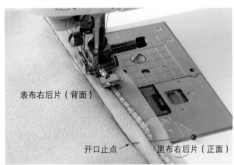

20 将压脚换成单边拉链压脚。打开拉链，将里布右后片与表布右后片的连接拉链位置正面相对。将表布的缝份布边比里布缩进1cm，对齐开口止点，用珠针固定，在表布内侧0.5cm处车缝到开口止点。拉链的拉头妨碍车缝时，按照P69步骤**14**、**15**的要领移动后缝合。

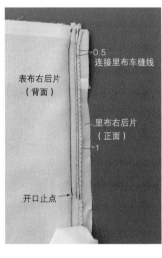

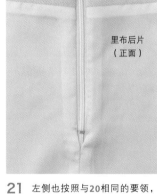

21 左侧也按照与20相同的要领，缝合表布与里布，翻至正面，用熨斗烫平。

22 打开拉链，将腰部的表布与里布正面相对，缝合。

23 翻至正面，用熨斗烫平。

24 制作完成。

开口的制法

隐形拉链开口：有剪接线的情况…布：羊毛乔其纱

*以下为使用厚料，剪接线的缝份过于厚重，隐形拉链压脚不易缝制时的缝合方法。
 使用单边拉链压脚。

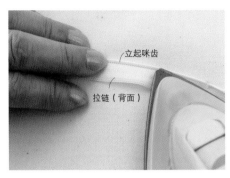

1 从拉链的背面立起咪齿，用熨斗熨烫，使咪齿保持直立。

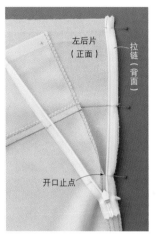

2 按照P67步骤1～3的顺序，将拉链与裙子的后片正面相对，用珠针固定。

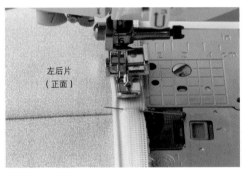

3 将缝纫机的压脚换成单边拉链压脚，一边立起咪齿，一边在咪齿的边缘车缝线迹，缝到开口止点。

4 裙子的右后片也与3相同，缝到开口止点。

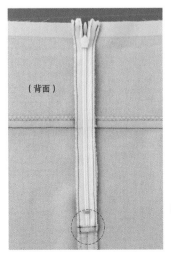

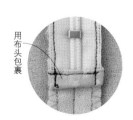

5 按照P68～69步骤10～16的顺序制作。剪掉的拉链的下端，最好用薄料布头包裹起来。

6 制作完成。

拉链开口：裙子的侧边 …布：纯棉华达呢

尼龙拉链
服装制作中使用最多的拉链，薄而柔软。

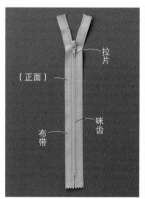
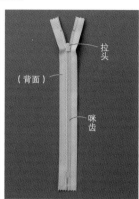

（正面） 拉片 咪齿 布带

（背面） 拉头 咪齿

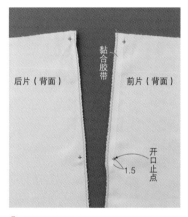

后片（背面） 黏合胶带 前片（背面）

1.5 开口止点

1 在前片侧边开口的缝份背面，粘贴1.5cm宽的黏合胶带，前后片的侧边都车缝包边针迹（或用曲折针迹）。
*如果将拉链连接在后片中心，则请将前片→左后片、后片→右后片更换放置。

【纸样】

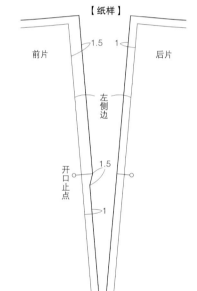

前片 1.5 1 后片

左侧边

开口止点 1.5 开口止点

1

后片（背面） 前片（正面）

开口止点

2 将前后片的侧边正面相对，从开口止点向下缝合。在开口止点牢固倒缝。

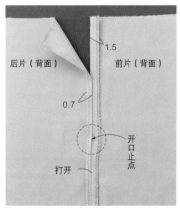

后片（背面） 1.5 前片（背面）

0.7

打开 开口止点

3 将开口止点以下的缝份用熨斗打开。开口止点上方的前片缝份折叠1.5cm，后片在完成线外侧0.3cm处（总0.7cm）折叠。

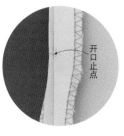

开口止点

4 将后片的侧边重叠在拉链的正面上，侧边的折山对齐咪齿的边缘，让布轻轻浮起，用珠针固定。连接拉链时，布如果绷紧，就会拉扯拉链，这样连接拉链部分就会缩进下凹，所以将布稍稍膨起一点，做出来就会很好看。特别是薄料或柔软的布料，建议这样制作。

后片（正面）

拉链 开口止点

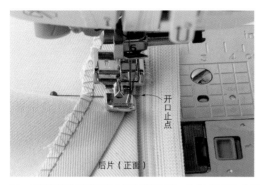

开口止点

后片（正面）

厚纸

5　将缝纫机的压脚更换成单边拉链压脚，缝合后片侧边的折山边缘。这时，因为拉链在右侧车缝，所以在这里从开口止点开始车缝。缝合的时候，如果垫上一张明信片厚的纸，就能完美地收缩浮出的部分。

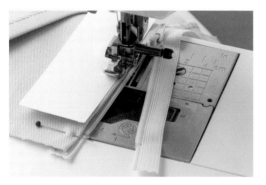

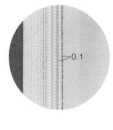

后片（正面）

0.1

6　中途，在针扎在布中的状态下，停下缝纫机，抬起压脚。打开拉链，将拉头移动至压脚的后方，放下压脚，继续车缝。

7　缝到上端，倒缝固定。

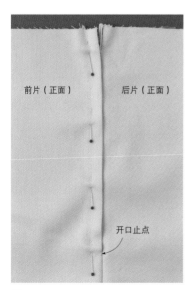

前片（正面）　　后片（正面）

开口止点

前片（正面）

8　将前片拉链重叠在7的拉链上，用珠针固定。

9　将缝纫机定位器安装在1cm的位置上，打开拉链，在前片侧边车缝线迹。

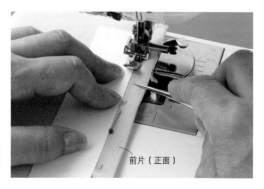

前片（正面）

10　垫上厚纸，一边将前片折山贴紧缝纫机定位器，一边进行缝合。

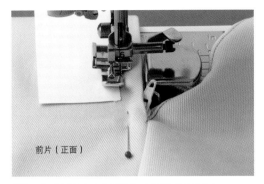

11 缝到被缝纫机定位器挡住，不能继续车缝为止。

→ 开口止点

12 卸掉缝纫机定位器，按照与6相同的要领，将拉头移至压脚的后方，继续车缝。

开口止点　后片（正面）

13 缝到开口止点的顶角后，在针扎入布中的状态下，抬起压脚，将布转90°变换方向。放下压脚，缝到开口止点，再倒缝2~3次。

前片（正面）　后片（正面）

倒缝

后片（背面）　前片（背面）

在缝份上车缝

后片（正面）　前片（背面）

14 将后片一侧的布带固定在缝份上。

15 制作完成。

裤子的前拉链开口…布：纯棉华达呢

金属拉链

咪齿为金属制的拉链。因为缝纫机不能车缝金属部分，所以请购买与连接尺寸相同的拉链。

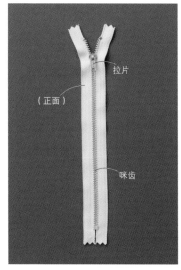

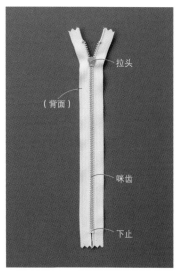

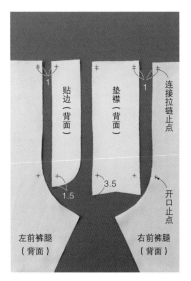

1 在垫襟和贴边的背面粘贴胶衬。

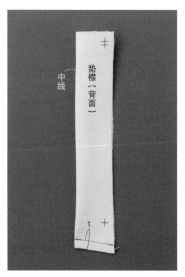

2 将垫襟正面相对对折，缝合下端1cm处的缝份。

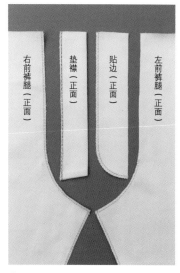

3 将垫襟翻至正面，用熨斗烫平，位于前面中心一侧的两边对齐缝合后，车缝包边针迹（或用曲折针迹）。在贴边的外围、左右裤腿的裆部、下裆也车缝包边针迹，不过，左前裤腿包边到开口止点上方1cm处。

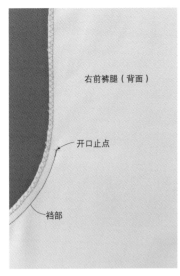

4 将左、右裤腿的侧边、下裆缝合后，缝合裆部至开口止点。在开口止点处倒缝。

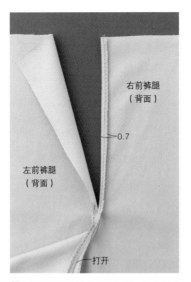

5 将裆部的缝份用熨斗分开。右前裤腿开口止点以上的缝份，在完成线外0.3cm处（总0.7cm）折叠。

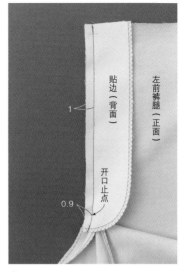

6 将贴边与左前裤腿的前面中心正面相对，缝合。稍稍缝合一点开口止点下方的缝份。

7 将贴边翻至左前裤腿的背面，稍稍缩进，用熨斗烫平。

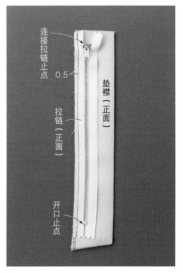

8 将拉链重叠在垫襟的前面中心一侧，在边缘内侧0.5cm左右缝合固定。

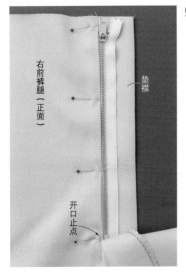

9 将右前裤腿中心重叠在8的垫襟上，将折山对齐拉链咪齿的边缘，用珠针固定。

10 将缝纫机的压脚换成单边拉链压脚，打开拉链，缝合右前裤腿的折山边缘。垫上明信片厚的纸，用锥子压住送布，更容易缝合。

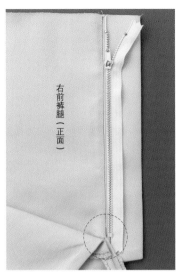

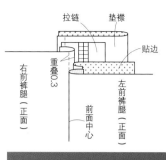

11　缝到开口止点。拉链的拉头妨碍车缝时，按照P73步骤6的要领，移动拉头后缝合。

12　将左前裤腿的中心重叠在11的右前裤腿的中心上，用珠针固定。

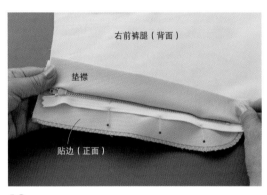

13　将12折向背面，翻起垫襻，用珠针将拉链固定在贴边上。从开口止点到腰部下方5~6cm，固定3~4处。

14　摘掉12中前面中心的珠针，打开拉链。将没有固定的腰部一侧的拉链整理平整，用珠针固定。

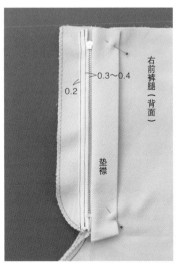

15　避开垫襻，缝合拉链与贴边。使用单边拉链压脚，在咪齿外侧0.3~0.4cm处缝合后，在布带边缘车缝线迹。

16　翻至正面，再次对齐左右裤腿的前面中心，用珠针固定。

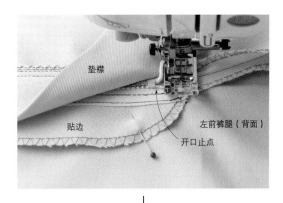

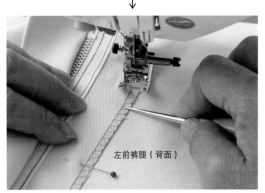

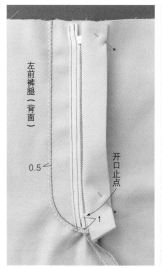

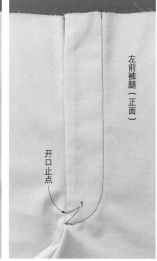

17 翻至背面，避开垫襻，从开口止点下方1cm处开始，在贴边内侧0.5cm处缝合。车缝起点进行倒缝。

18 将贴边边缘缝到腰部，将贴边车缝固定在左前裤腿上。

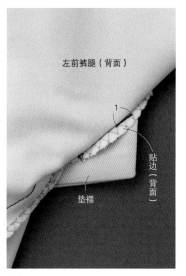

19 将垫襻整理好，从开口止点到18的线迹，反复车缝2~3次。

20 翻起左前裤腿，从贴边的背面，在18的线迹弧线边缘，车缝固定1cm左右，将贴边的下端车缝固定在垫襻上。

21 制作完成。

裤子的前纽扣开口：带里布…布：厚羊毛布料

*纸样参考P124。

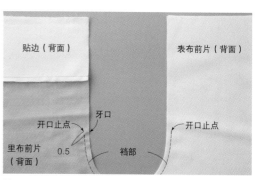

贴边（背面）　　表布前片（背面）

牙口

开口止点　　　　开口止点

里布前片（背面）　0.5　　档部

1 将表布的前片档部缝到开口止点。将里布的档部缝到开口止点下方0.5m处，在开口止点位置的缝份上剪入牙口。

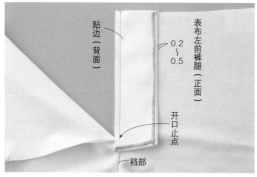

贴边（背面）　表布左前裤腿（正面）

0.2～0.5

开口止点

档部

2 在前片开口贴边的外围车缝包边针迹（或用曲折针迹），折叠缝份后，车缝线迹固定缝份。将贴边与表布左前裤腿的前端正面相对，缝合至开口止点。

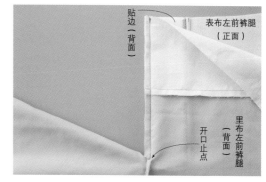

贴边（背面）　表布左前裤腿（正面）

里布左前裤腿（背面）

开口止点

3 将里布左前裤腿与2的表布左前裤腿正面相对，将与2相同的位置缝合至开口止点。

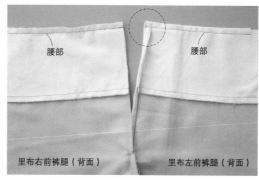

腰部　　　　腰部

里布右前裤腿（背面）　里布左前裤腿（背面）

4 将表布、里布裤腿的腰部正面相对缝合。左前裤腿的前端折叠缝合，并且比2、3的线迹多折叠一点后车缝。

约0.2

前端

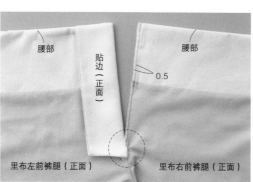

腰部　　　　腰部

贴边（正面）　0.5

里布左前裤腿（正面）　里布右前裤腿（正面）

5 翻至正面，用熨斗烫平左前裤腿前端。在表布开口止点的缝份上剪入牙口，将右前裤腿的前端、表布裤腿与里布裤腿的布边对齐，车缝固定缝份。

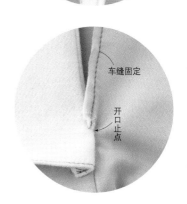

车缝固定

开口止点

6 将表布垫襟（表布）与里布垫襟（轧光斜纹棉布）正面相对，缝合除前面中心以外的3边。将角的缝份斜向剪掉。

7 将垫襟翻至正面，用熨斗烫平，车缝线迹。在前面中心一侧，将2片一起车缝包边针迹。

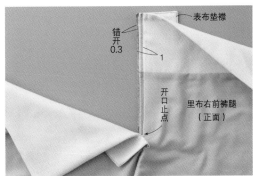

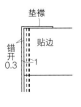

8 将表布垫襟与右前裤腿前端正面相对，将裤腿的布边缩进0.3cm，在1cm的缝份处车缝至开口止点。

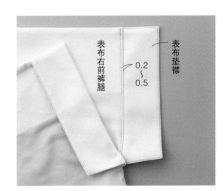

9 将右前裤腿前端的缝份倒向裤腿，用熨斗烫平，车缝线迹。

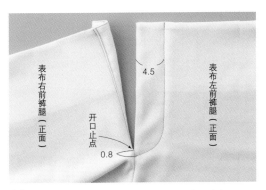

10 避开右前裤腿、垫襟，在左前裤腿前端车缝线迹。

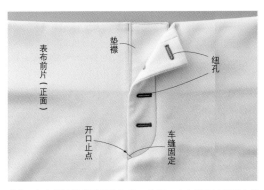

11 在左前裤腿前端制作纽孔，在开口止点处穿过垫襟车缝固定（倒缝2~3次）。

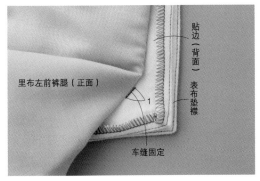

12 翻开左前裤腿，从贴边的背面，在**10**的车缝弧线处车缝1cm，固定垫襟与贴边。

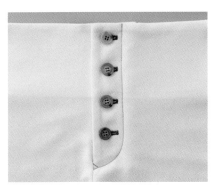

13 连接纽扣，制作完成。

明袋：方形···布：平纹棉布

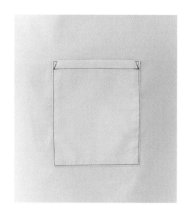

在内侧一点用锥子

做出标记

连接衣袋位置

1 前身片正面的口袋位置，在完成线的内侧一点用锥子打孔，做出标记。

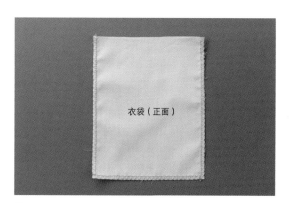

衣袋（正面）

2 在袋口以外的缝份上车缝包边针迹（或用曲折针迹）。

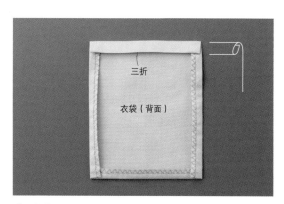

三折

衣袋（背面）

4 将袋口的缝份用熨斗三折。

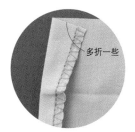

多折一些

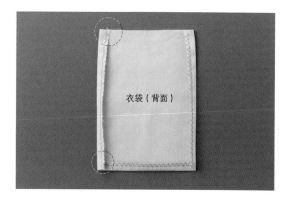

衣袋（背面）

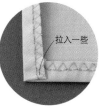

拉入一些

3 用熨斗折叠袋口以外的缝份。按照先底边，后两边的顺序折叠。底部的两角，为了不让缝份撇出，将两侧的缝份拉向内侧并折叠，再用布用胶棒（→P25）粘贴。袋口的两角，将上端多折一些。

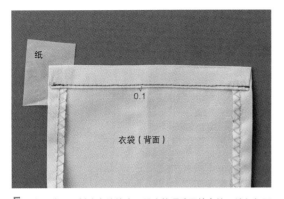

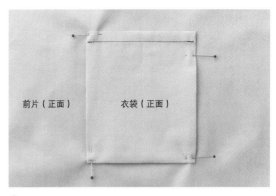

5 在衣袋口三折边车缝线迹。因为从顶端开始车缝，缝纫机不容易前进，所以在下面垫纸（牛皮纸或描图纸等）一起缝合，就能顺利车缝。然后将纸撕破取下即可。

6 将打孔标记放在前身片正面的连接位置，用珠针固定。

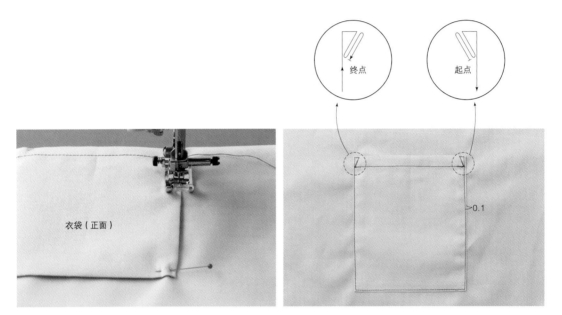

7 在衣袋的边缘车缝线迹，缝合固定。因为衣袋的角是吃力的地方，所以缝成三角形或方形。制作完成。

明袋：底部三角形···布：平纹棉布

1 前身片正面的口袋位置，在完成线的内侧一点用锥子做出标记。

2 在袋口以外的缝份上车缝包边针迹（或用曲折针迹）。

3 用熨斗折叠袋口以外的缝份。按照先底边，后两侧的顺序折叠。底部的两角，为了不让袋口的两角撇出，将上端多折一些。

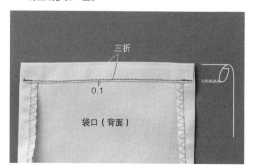

4 将袋口的缝份用熨斗三折，车缝线迹。

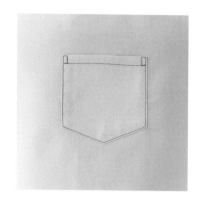

[透明布的情况···布：薄棉布]

为了让透过来的缝份看起来更漂亮，处理底部的三角部分时，重叠部分左右对称折叠。

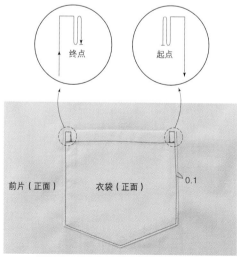

5 将衣袋车缝固定在前身片上。因为衣袋的角是吃力的地方，所以缝成方形或三角形（→P82步骤7）。制作完成。

明袋：底部弧形 …布：平纹棉布

1 前身片正面的口袋位置，在完成线的内侧一点用锥子做出标记。

2 在袋口以外的缝份上车缝包边针迹（或用曲折针迹）。

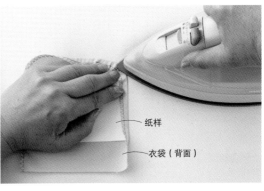

3 用明信片厚的纸，制作衣袋的完成纸样，将纸样放在衣袋的背面，用熨斗折叠外围缝份。圆弧的部分，一边用指尖在缝份上打出褶皱，一边用熨斗的顶端整理弧线。

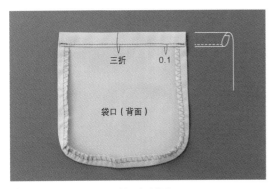

4 将袋口的缝份用熨斗三折，车缝线迹。

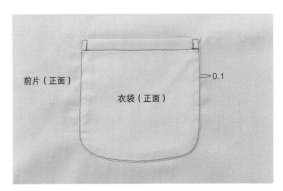

5 将衣袋车缝固定在前身片上。因为衣袋的角是吃力的地方，所以缝成三角形（→P82步骤**7**）或方形（→P83步骤**5**）。制作完成。

利用侧缝线迹的衣袋：袋缝、侧缝缝份倒向一边 …布：纯棉华达呢

【纸样】

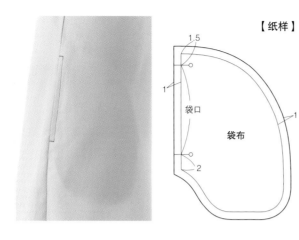

1 用表布剪裁2片袋布。当手插入衣袋的时候，手背一侧是袋布A（连接在前身片上），手心一侧是袋布B（连接在后身片上）。

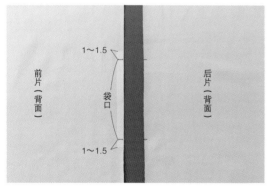

2 身片的侧边，前后片分别留1cm缝份剪裁，在前袋口的缝份上粘贴1.2cm宽的黏合胶带。

3 只将前片侧边的袋口缝用熨斗折叠。

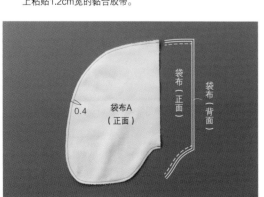

4 首先将袋布A、B背面相对，将外围用0.4cm缝份缝合。

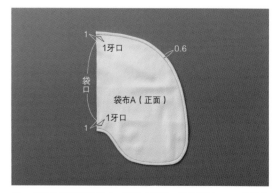

5 将袋布翻至正面相对，用熨斗烫平，将外围以0.6cm缝份缝合。然后只将袋布A，在袋口上下1cm的位置，剪入1cm的牙口。

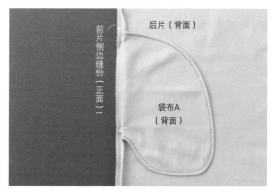

6　将前后的侧边正面相对，缝合袋口以外的侧边。袋口上下进行倒缝。

7　避开袋布B，将袋布A的袋口缝份与前片侧边缝份的袋口正面相对，将袋口的上下从前片身片一侧用珠针固定。

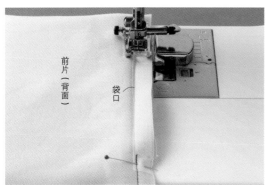

8　避开后片袋口，从前身片一侧与前片袋口缝合。这时在3的折山外0.1cm缝合。

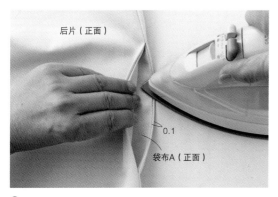

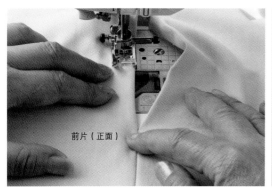

9　翻至正面，将袋布A缩进0.1cm，用熨斗将前片袋口烫平。

10　从背面看，只有前片袋口与袋布A缝合在了一起。

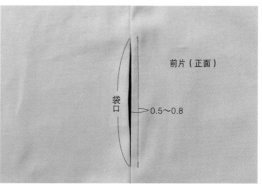

11　避开袋口B，从前片身片的正面，在前片袋口上车缝线迹。

12 在前片侧边缝份的袋口上下，在与袋布相同的位置，用剪刀剪入牙口。

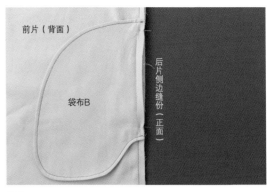

13 将袋布B与后身片侧边缝份正面相对，从后身片上用珠针固定。

14 从后身片一侧，与后片袋口缝合。避开前片袋口，从袋布的上端～下端缝合侧边，只不过，袋口上下的侧边针脚缝在稍外侧。

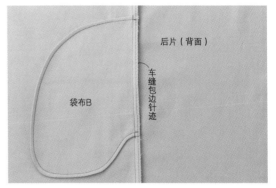

15 从前身片一侧，将两片前后缝份一起车缝包边针迹，将缝份倒向后侧，用熨斗烫平。

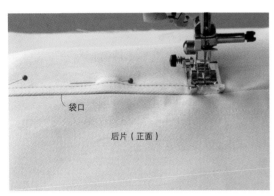

16 从身片的正面，用珠针固定袋口，在袋口的上下横向车缝固定，重复3～4次。制作完成。

利用侧缝线迹的衣袋：打开侧缝缝份 …布：厚羊毛布料

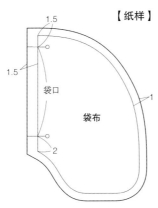

【纸样】

1.5
1.5
袋口
袋布
1
2

袋布B
（背面）
袋布A
（正面）

1 袋布A用薄棉布（轧光斜纹棉布）剪裁，袋布B用表布剪裁，分别在侧边缝份上车缝包边针迹（或用曲折针迹）。当手插入衣袋的时候，手背一侧是袋布A（连接在前身片上），手心一侧是袋布B（连接在后身片上）。

2 身片的侧边，前、后片分别留1.5cm缝份剪裁。在前袋口的缝份上粘贴2cm宽的黏合胶带，在前、后片侧边缝份上车缝包边针迹。

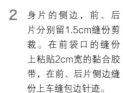

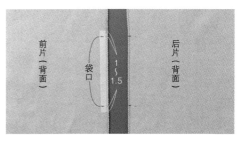

前片（背面）
袋口
1～1.5
后片（背面）

前片（背面）
袋口

3 只将前片侧边的袋口缝份用熨斗折叠。

1.5牙口
1
袋口
袋布A
（背面）
1
袋布B
（背面）
1.5牙口

4 将袋布A、B正面相对，缝合外围，将2片缝份一起车缝包边针迹处理。然后，只将袋布A，在袋口上下1cm的位置剪入牙口至完成线（1.5cm）。

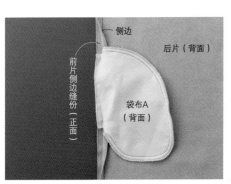

侧边
后片（背面）
前片侧边缝份（正面）
袋布A（背面）

前片（正面）
后片（背面）
凸出
0.5
袋布A（背面）

5 将袋口以外的前、后片侧边缝合（→P88步骤**6**）。然后避开袋布B，将袋布A的袋口缝份与前片侧边缝份的袋口正面相对。将袋布A的布边凸出0.5cm，从前身片一侧用珠针固定。

0.5
0.5
前片（背面）
袋布A

6 不开后片袋口，从前身片一侧与前片袋口缝合。这时在**3**的折山外0.5cm缝合。

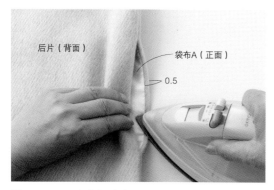

7 翻至正面，将袋布A缩进0.5cm，将前袋口用熨斗烫平。

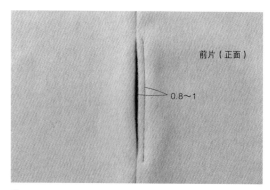

8 避开袋布B，在前袋口车缝针迹。→P86步骤11

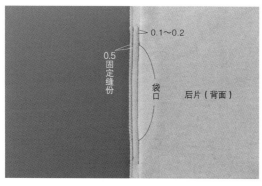

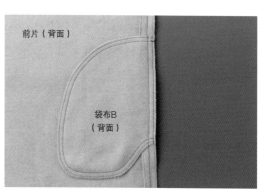

9 将袋布B和后身片的侧边缝份正面相对，从后身片一侧与后片袋口缝合。避开前片袋口，在袋口上下的侧边缝份稍外侧缝合。然后，车缝固定缝份。

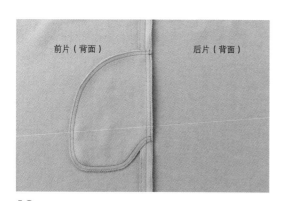

10 将侧边缝份用熨斗打开。

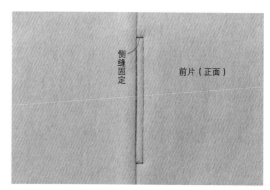

11 在袋口的上下车缝固定，重复3~4次。制作完成。

单侧镶边口袋：袋布1片 …布：纯棉华达呢

【制图】

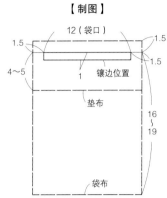

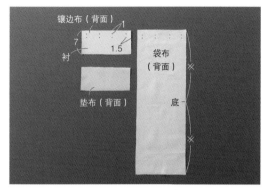

1 袋布使用轧光斜纹棉布等薄棉布制作，以底为中心对折线剪裁，在背面一侧标记镶边位置。镶边布和垫布使用表布剪裁，在镶边布的背面粘贴胶衬，标记镶边位置。在垫布和镶边布的下端车缝包边针迹（或用曲折针迹）。

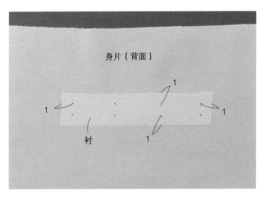

2 将胶衬粘贴在身片背面的镶边位置，然后标记镶边位置。

3 将垫布重叠在袋布正面没有标记的一端，将垫布的下端车缝固定。

4 将袋布正面向上，与身片背面的镶边位置对齐并重叠，用珠针固定。

5 将4的身片正面与镶边布正面相对重叠，对齐镶边位置，用珠针固定两侧。

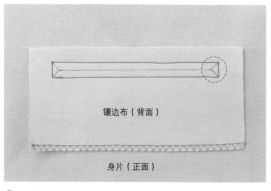

镶边布（背面）

身片（正面）

较细针脚

0.7

6 在镶边位置车缝。这时，用较细的针脚车缝两端。然后，在中间画上剪切线，两端画成Y型。

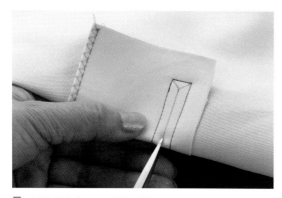

7 按照6的线剪开。顶角剪至边缘。

身片（背面）

镶边布（正面）

8 从剪口将镶边布拉出至身片的背面，翻至正面。

身片（背面）

镶边布（正面）

9 将镶边布下侧的缝份倒向身片一侧，用熨斗烫平。

身片（背面）

镶边布（正面）

10 将镶边布上侧的缝份倒向身片一侧，用熨斗烫平。

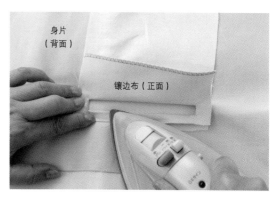

身片（背面）

镶边布（正面）

11 用熨斗将镶边的位置整理成窗型。

 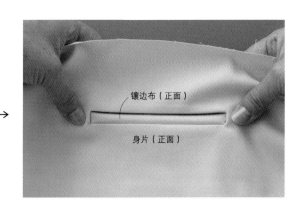

12 将镶边布折成11的窗的宽度，按压着将身片翻至正面。

13 从身片的正面用熨斗熨烫，整理镶边宽度。

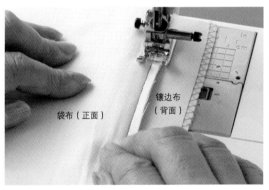

14 翻起镶边布的下侧，在镶边位置下侧的线迹处车缝，固定镶边布。

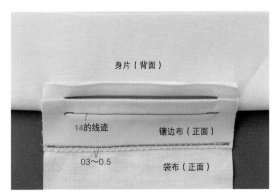 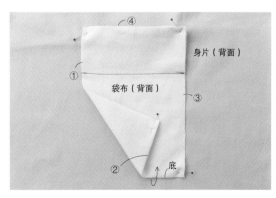

15 避开身片，将镶边布的下端车缝固定在袋布上。

16 将袋布正面相对对折，用珠针固定。然后，按照①~④的顺序，车缝袋布四周。

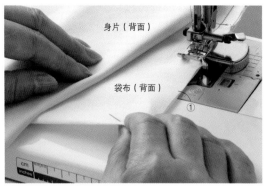

17 从连接在身片上的袋布一侧，避开身片，将①的边从上端以1cm缝份车缝。

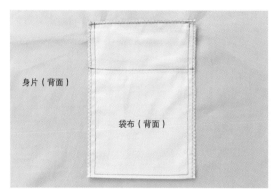

18 继续以0.5cm的缝份车缝②的边（底）。因为底是中心对折线，所以缝合起来更加稳定。

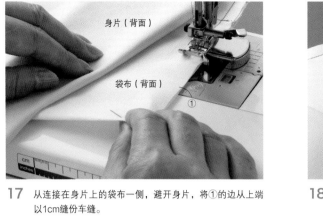

19 再以1cm的缝份继续车缝③的边，④的边（上端）以0.3cm缝份车缝。

20 将袋布的底以外的3边车缝包边针迹。

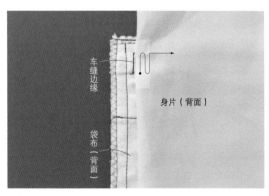

21 从连接在内侧身片上的袋布一侧，避开身片，在镶边位置的边缘车缝。

22 继续车缝上端～另一侧的边缘。

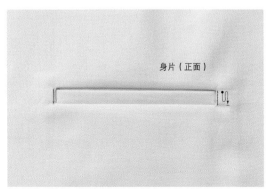

23 从身片的正面在镶边的两侧车缝固定3次。制作完成。

单侧镶边口袋：袋布2片、纽扣固定…布：纯棉华达呢

【制图】

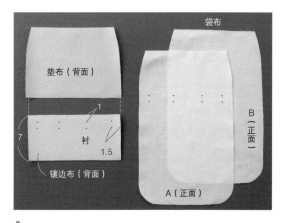

1 袋布使用轧光斜纹棉布等薄棉布剪裁2片，在一片的背面标记镶边位置。标记镶边位置的一片为袋布A，没有标记的一片为袋布B。镶边布和垫布使用表布剪裁，在镶边布的背面粘贴胶衬，标记镶边位置。在垫布和镶边布的下端车缝包边针迹（或用曲折针迹）。

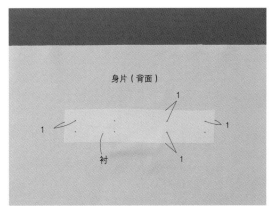

2 将胶衬粘贴在身片背面的镶边位置，然后标记镶边位置。

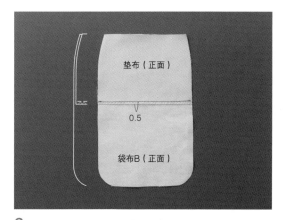

3 将垫布重叠在袋布B上，车缝固定下端。

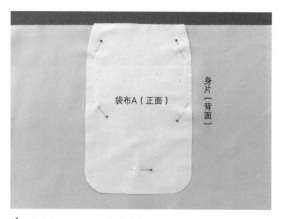

4　将袋布A正面向上，与身片背面的镶边位置对齐并重叠，用珠针固定。

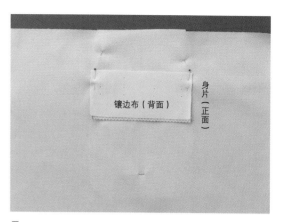

5　将4的身片与镶边布正面相对重叠，对齐镶边位置，用珠针固定两侧。

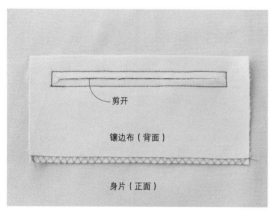

6　按照与P91步骤6~7相同的要领，车缝镶边位置并剪开。

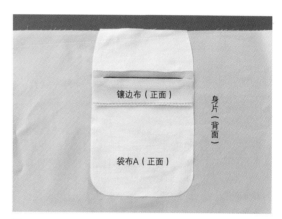

7　按照与P91步骤8~13相同的顺序，将镶边布翻至身片的背面，折叠成镶边的宽度，用熨斗烫平。

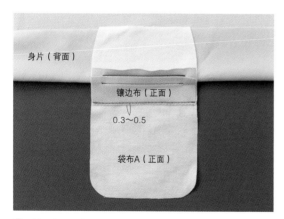

8　按照与P92步骤14相同的要领，车缝镶边位置的下侧，然后避开身片，将镶边布的下端车缝固定在袋布上。

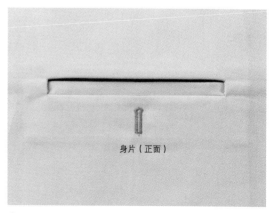

9　从身片的正面，穿过袋布A、镶边布，车缝纽孔。

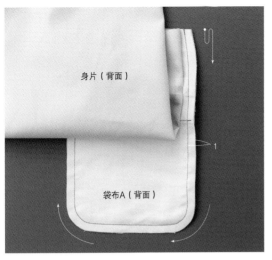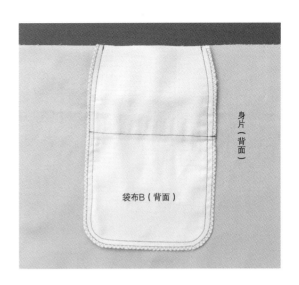

10 将袋布A与袋布B正面相对重叠，从袋布A一侧车缝外围。
然后，将缝份车缝包边针迹。

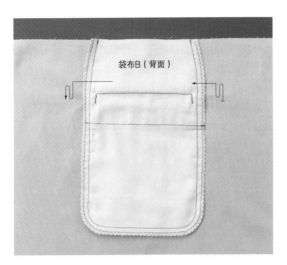

11 按照与P93步骤**21~22**相同的顺序，从内侧的袋布A的一
侧，车缝镶边布的侧边~上端~侧边的边缘。

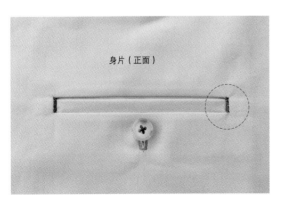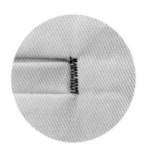

12 从身片的正面，用小幅度的曲折针迹车缝固定镶边的两
侧。也可以用直线针迹车缝固定（→P93步骤**23**）。剪开
纽孔（→P27），连接纽扣，制作完成。

灯笼袖…布：平纹棉布

【纸样】

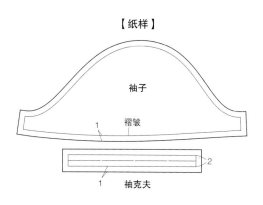

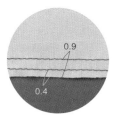

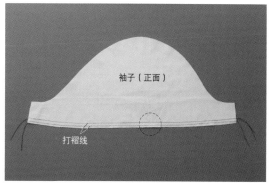

1 用较粗的针脚在袖口的缝份上车缝2条制作褶皱用的车缝线。

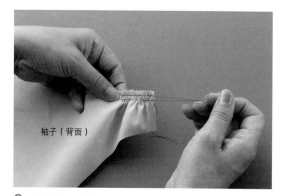

2 将袖子背面的线2根一起拉住，做出褶皱。

3 用熨斗按照完成尺寸，事先折叠袖克夫。袖口的褶皱按照袖克夫的长度收缩。

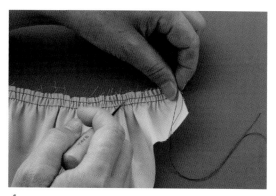

4 用锥子的尖将褶皱调整均匀。

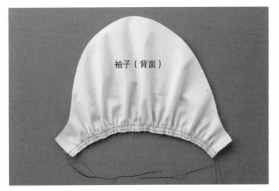

5 整理好褶皱的袖子。袖下的褶皱可以少一点。

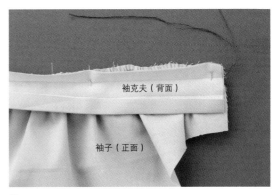

6 打开袖克夫的折痕，与袖口正面相对缝合，从袖子一侧用珠针固定。

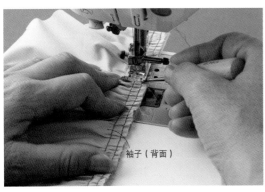

7 从袖子一侧用1cm的缝份车缝连接袖克夫。为了不让褶皱扭曲，一边用锥子压住压脚边缘的布一边车缝。这时，垫上厚纸，褶皱就能稳定易缝。（→P99步骤2）

8 用熨斗将打出褶皱的袖口的缝份压平。

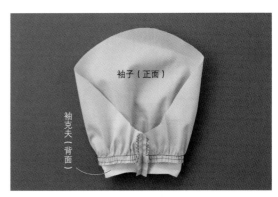

9 用熨斗将连接袖克夫的缝份倒向袖克夫一侧。然后，继续将袖下缝合至袖克夫，打开缝份。

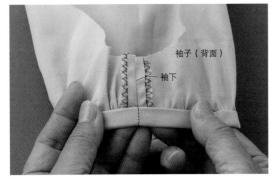

10 将袖克夫按照3的折痕折叠，调整成完成宽度。

11 从正面在袖克夫上车缝线迹。制作完成。

不易残留针孔的打褶方法…布：羊毛乔其纱

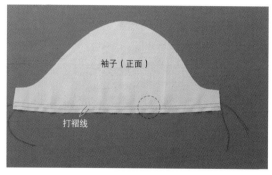 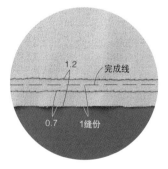

1 在袖口车缝2条较粗的线迹，夹住完成线。连接袖克夫时，在2根褶皱线迹中间车缝，褶皱不容易扭曲，能做得很漂亮。不过，因为完成线内侧的车缝线迹要在最后拔出，所以如果使用会残留针孔的布料，就一定要在缝份内车缝出打褶线。（→P97步骤**1**）

2 按照与P97~98步骤**2**~**7**相同的要领，在袖口打褶，与袖克夫正面相对缝合。车缝时，垫上明信片厚的纸，一边用厚纸压住褶皱一边车缝，这样褶皱稳定又易缝。

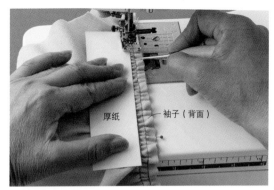

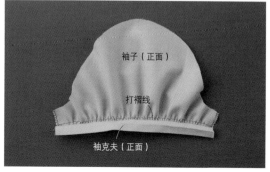 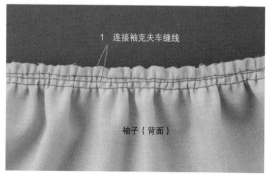

3 将连接袖克夫的缝份倒向袖克夫一侧，用熨斗整理。从正面看，能看到袖克夫上侧有1根打褶线。

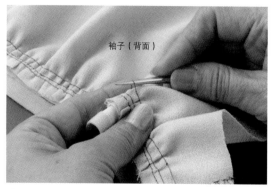 

4 从背面拔出上侧的打褶线。为了不损伤布料，用锥子尖将线拉起并抽出。

5 制作完成。

衬衫袖的上袖…布：平纹棉布

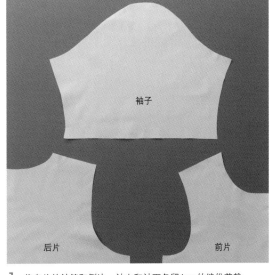

1 将身片的袖笼和侧边、袖山和袖下各留1cm的缝份剪裁。

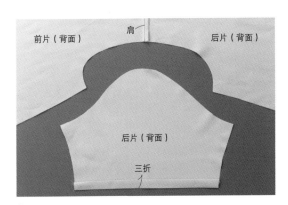

2 身片缝合肩部。袖口用熨斗三折。

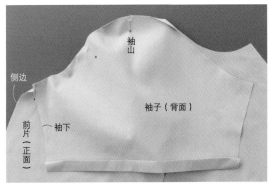

3 将袖子与身片的袖笼正面相对，先用珠针固定一处。按照肩与袖山、中间的合印标记、侧边与袖下的顺序，用珠针固定3处。

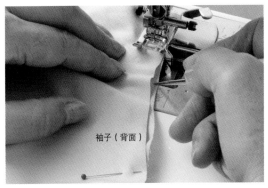

4 从袖子一侧车缝。用锥子拉出下方的身片，一边将2片布对齐，一边用1cm缝份车缝。

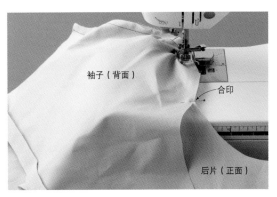

5 缝到肩时，以针扎入布中的状态停下缝纫机，对齐下一个合印标记，用珠针固定。

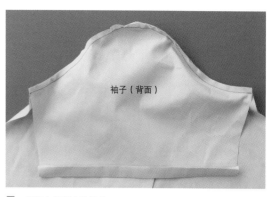

6 按照4的要领继续车缝，缝到5的珠针时，按照与5相同的要领，对齐袖下与侧边，用珠针固定。

7 继续车缝剩余的部分。

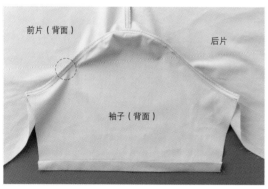

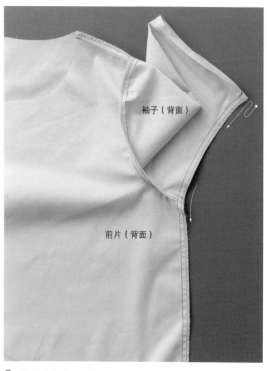

8 将2片缝份一起车缝包边针迹（或用曲折针迹）。缝份倒向身片一侧，用熨斗整理。

9 将前后的袖下、侧边正面相对，从袖口~下摆缝合。从前侧将2片缝份一起车缝包边针迹。

10 将袖下~侧边的缝份倒向后侧，用熨斗整理，袖口烫成三折，车缝线迹。

11 制作完成。

衬衫袖的上袖：折边叠缝…布：薄棉布

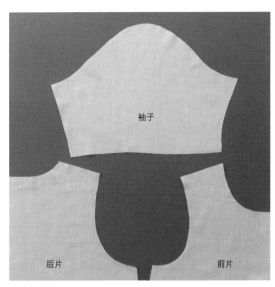

1　将身片的袖笼和侧边、袖山和袖下各留1.5～2cm的缝份剪裁。

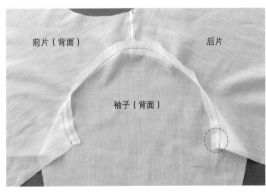

2　将身片的肩折边叠缝（→P16），将身片与袖子正面相对，按照P100～101步骤3～7的要领，用1.5～2cm的缝份车缝。然后，将身片的缝份剪成一半。

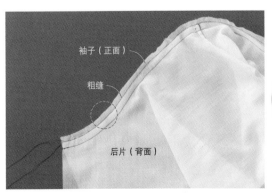

3　在上袖缝份的较宽（袖子）缝份上，用较粗的针脚车缝。线迹在较窄（身片）缝份的边缘。

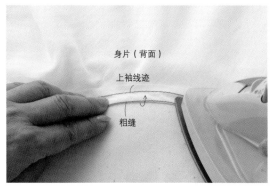

4 在上袖缝份的袖下凹弧部分，将较宽的缝份沿着粗缝线用熨斗折叠。

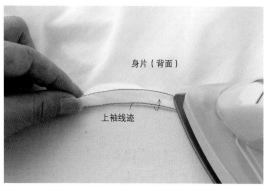

5 将在4中折好的缝份，从上袖线迹处折向身片一侧。

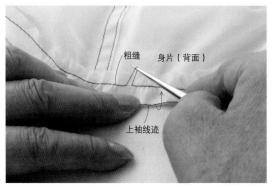

6 在袖山的凸弧缝份部分，先沿着上袖线迹折向身片一侧。然后用锥子拉出粗缝线，对齐袖山的弧度，缩紧缝份。

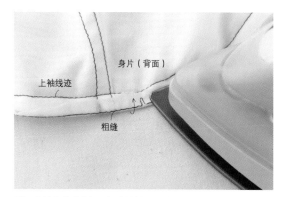

7 将缩缝的缝份沿着粗缝线折至身片一侧，用熨斗烫平。

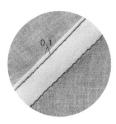

8 将折叠好的上袖缝份倒向身片一侧，用熨斗烫平，在缝份顶端车缝线迹。事先将粗缝线抽出。

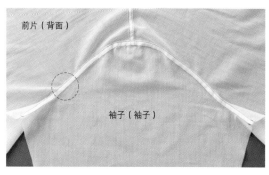

9 将前后的袖下~侧边连续车缝折边叠缝，将袖口的缝份三折后车缝线迹。

10 制作完成。

衬衫袖的上袖：袋缝…布：雪纺乔其纱

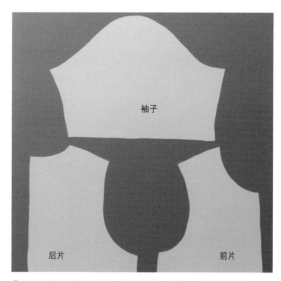

1 将身片的袖笼和侧边、袖山和袖下各留1cm的缝份剪裁。

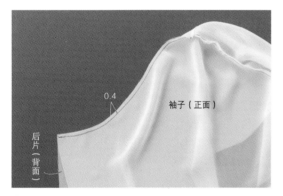

2 将身片的肩用袋缝（→P16）缝合。将身片和袖子正面相对，按照P100~101步骤**3~7**的要领，以0.4cm的缝份车缝。

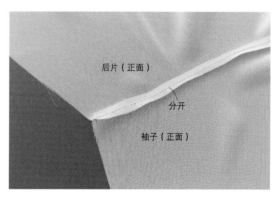

3 将**2**的缝份用熨斗打开。

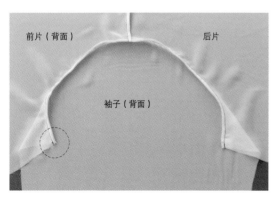

4 将身片与袖子正面相对，以0.6cm缝份车缝。缝份倒向袖子一侧，用熨斗烫平。

5 将袖下~侧边用袋缝缝合，缝合袖口的缝份，折成三折，车缝线迹。制作完成。

装袖的上袖：有缩缝…布：羊毛乔其纱

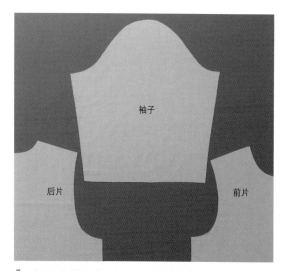

1 将身片的袖笼、袖山各留1cm的缝份剪裁。

2 将身片的肩和侧边缝合。

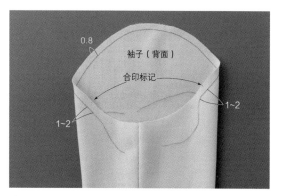

3 缝合袖下，处理袖口。

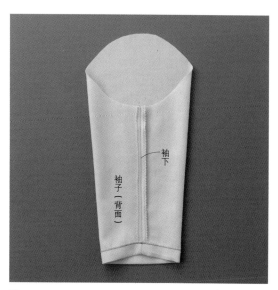

4 因为袖子有缩缝，所以在袖山的缝份上车缝较粗的针脚。分别缝至前侧、后侧合印标记的袖下1~2cm处。

5 将袖子与身片的袖笼正面相对，对齐肩和袖山、前侧的合印标记、后侧的合印标记，从袖子一侧用珠针固定。

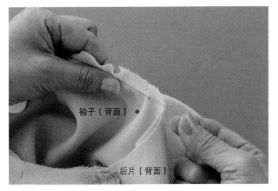

6 因为先缩缝肩~后侧的合印标记之间，所以先拉住袖子背面后侧的粗缝线，收缩。

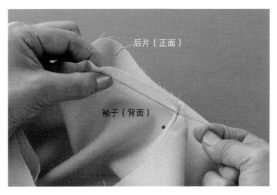

7 将收缩的部分用手指捋到袖山一侧。

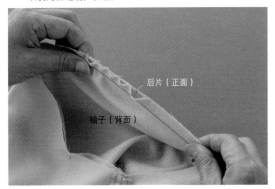

8 将6、7重复2~3次，将肩~合印标记的袖长调整到与身片一致。这时，将收缩的部分多在袖山分配一些，不过需要注意不要形成褶皱。

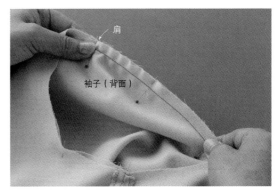

9 将收缩部分的中间用珠针固定。

10 前侧也用相同的要领收缩，用珠针固定。

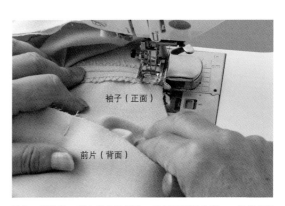

11 从袖子一侧车缝上袖线迹。从袖下开始车缝，一边将身片与袖子的布边对齐，一边车缝。

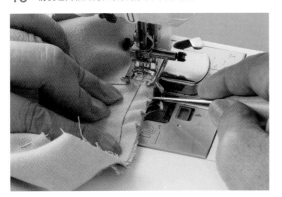

12 有收缩的部分，一边用锥子按住收缩的蓬松部分，一边车缝，转圈缝合袖笼。车缝终点处，在开始的线迹上重叠5~6cm，停止车缝。

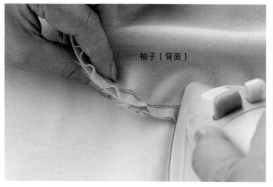

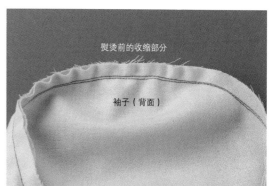

熨烫前的收缩部分

袖子（背面）

13 为了不让收缩部分的缝份过于蓬松，用熨斗按压缝份。

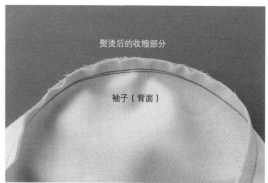

熨烫后的收缩部分

袖子（背面）

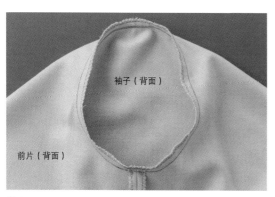

袖子（背面）

前片（背面）

14 将2片上袖缝份一起车缝包边针迹（或用曲折针迹）。

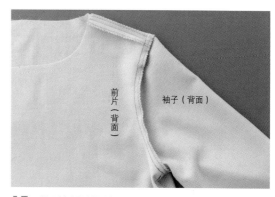

前片（背面）

袖子（背面）

15 将上袖缝份倒向袖子一侧，用熨斗烫平。

袖子（正面）

16 制作完成。

褶裥的制法

褶裥的折法…布：平纹棉布

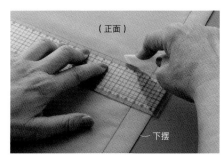

（正面）

下摆

1 事先将裙子的下摆处理好。在布的表面用骨刀标记出外褶山的位置。有接缝时，将接缝确定为内褶山的位置。如果布料不易用骨刀标记，就在布的背面用划粉或记号笔标记。

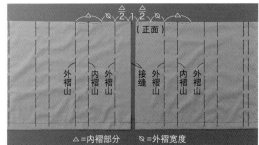

（正面）

外褶山　内褶山　外褶山　　接缝　外褶山　内褶山　外褶山

△=内褶部分　▽=外褶宽度

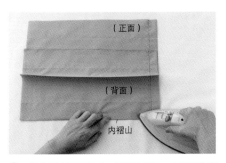

（正面）

（背面）

内褶山

2 将内褶山正面相对，用熨斗折叠。从顶端按顺序折叠所有内褶山。

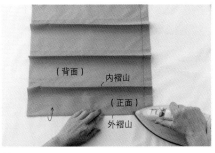

（背面）

内褶山

（正面）

外褶山

3 将外褶山正面相对，用熨斗折叠。从顶端按顺序折叠所有外褶山。

（正面）　　（正面）

4 将褶裥按照折山整理好。

（背面）

①正面相对
②车缝包边针迹

5 将2片接缝位置正面相对，缝合。将2片缝份一起车缝包边针迹（或用曲折针迹），只不过，下摆处将边缘折入后再车缝。

折入

0.8
压边线

（正面）

6 整理褶裥，在上端的缝份上车缝压边线。

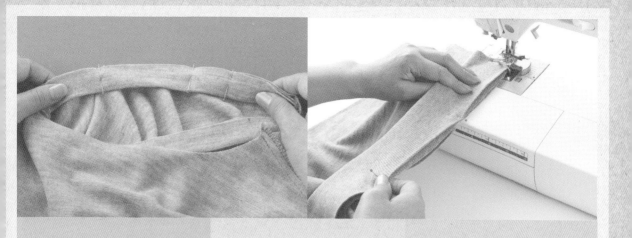

针织面料的制衣技巧

针织面料的基本车缝方法

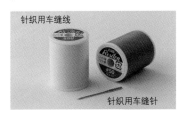

针织用车缝线

针织用车缝针

代表性的针织面料

天竺棉：平纹编织。正面和背面的织纹的外观不同。特点是裁边容易卷起来。

罗纹：罗纹编织。正面和背面织纹看起来像垄一样。特点是横向容易拉伸。

双面针织：双面编织。组合2种罗纹编织的针织面料。特点是密度高，比罗纹更厚。

线和针

● 为了缝合以伸展为特点的针织面料，需要针脚能对应布料的伸展，所以使用有伸缩性的针织用车缝线（Resilon）。

● 为了针尖不损伤针织面料，所以建议使用针尖比普通针更圆润的针织用车缝针。

车缝的要点

● 车缝的针脚为普通～略大。针脚如果过细，容易拉伸布料，所以请注意。

● 用缝纫机车缝时，将布自然平放，注意不要拉伸，车缝。横向布料车缝时特别容易被拉伸，垫上厚纸再车缝，就能抑制拉伸。
→下摆的处理

● 车缝针织面料时，针脚容易起波浪，所以车缝结束时，务必用熨斗烫平针脚。

缝份的处理

（背面）

车缝包边针迹

（背面）

1 将2片布料正面相对，一起车缝包边针迹（或用曲折针迹），用熨斗烫平。除了厚的针织面料外，缝份均适合两片一起处理。

2 缝份倒向一侧，用熨斗烫平。

下摆的处理

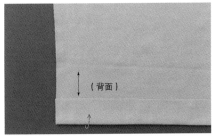

（背面）

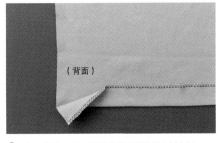

（背面）

1 将下摆的缝份用熨斗折向背面。为了正确折叠，最好在车缝包边针迹前折叠。

2 打开折痕，在下摆的缝份顶端车缝包边针迹。

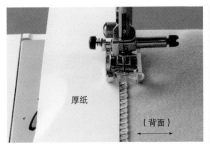

厚纸

（背面）

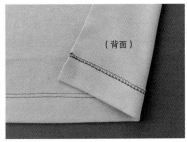

（背面）

3 按照1的折痕折叠，在缝份的顶端车缝线迹。车缝横向布料时，布料容易被拉伸，所以垫上明信片厚的纸再车缝。线迹可以使用1根线，不过用2根线的线迹压住缝份，缝份会更加稳定。

肩的缝法

肩的针脚如果拉伸，衣服的轮廓就会被破坏。
为了防止肩的拉伸，粘贴黏合胶带或垫上同种面料的布条，缝合。

粘贴黏合胶带

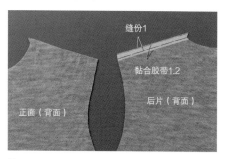

1 在后片的肩的缝份背面，粘贴黏合胶带盖住缝合线。胶带使用针织用黏合胶带。

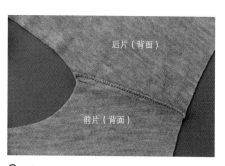

2 将前、后身片的肩正面相对，缝合。从缝份前身片一侧，将2片缝份一起车缝包边针迹。

使用同种面料的布条

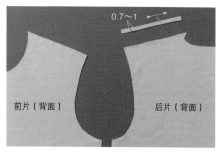

1 防止拉伸用的布条，是用同种面料纵向剪裁的。宽度为0.7~1cm，长度与肩相同或略长一点。

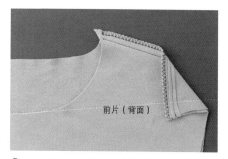

3 肩的缝份倒向后侧，用熨斗烫平。

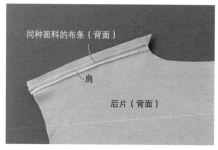

2 将前、后身片正面相对，同种面料的布条重叠在后片的肩上，一起缝合。

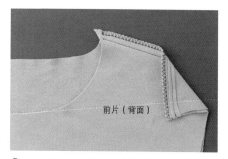

3 在肩的缝份上。从前身片一侧车缝包边针迹。缝份倒向后侧，用熨斗烫平。

[裁边卷起来的时候]
为了更容易地处理天竺棉等裁边卷起来的面料，建议使用熨烫用喷雾胶水（→P15）。
在裁边上轻轻一喷，只需要用熨斗烫一下，裁边就能恢复平整，容易缝制。

左：裁好的布料。裁边卷起来。

右：喷了熨烫用喷雾胶水后，用熨斗熨烫过的布料。

针织面料的圆领：同种面料的布条处理…布：双面针织

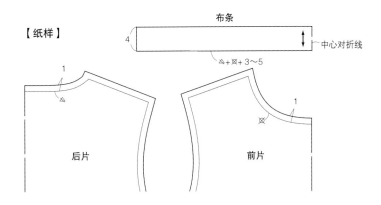

【纸样】

布条

中心对折线

4

△+⊠+3～5

后片

前片

1

1

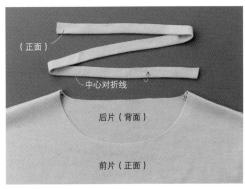

（正面）

中心对折线

后片（背面）

前片（正面）

1 用纵向的同种面料，剪成宽4cm、长度为领口尺寸＋
5～10cm的布条。背面相对，用熨斗对折。身片的领
口，留1cm缝份剪裁，肩事先缝合。

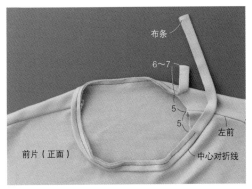

布条

6～7

5

5

左前

前片（正面）

中心对折线

2 将对折后的布条与身片的领口正面相对，从左肩开始，
前后各留5cm缝合在领口上。

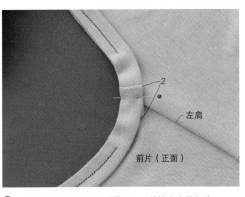

2

左肩

前片（正面）

3 将布条的顶端在左肩重叠2cm，剪掉多余的部分。

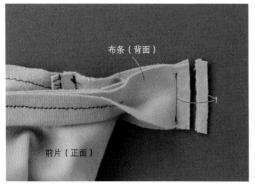

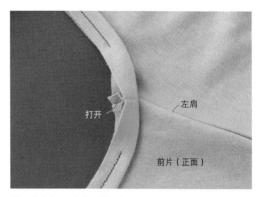

4 将前侧与后侧的布条的顶端正面相对，以1cm缝份车缝，将缝份剪至一半。

5 将布条4的缝份用熨斗打开。

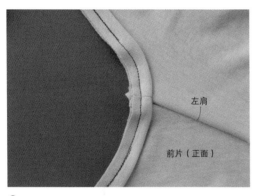

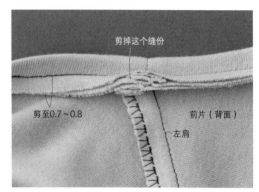

6 将没有缝合的布条对折，贴合在领口上，缝合剩余的领口。

7 将领口的缝份剪至0.7～0.8cm。因为左肩重叠着好几片缝份，所以将缝份剪成不同长度，注意不要剪开。

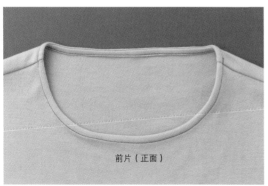

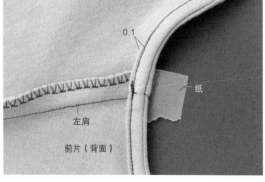

8 将布条翻至身片的背面，稍稍收缩，用熨斗将领口烫平，车缝线迹。左肩的缝份重叠，缝纫机不容易前进时，在身片下垫入薄纸（牛皮纸或描图纸等）一起车缝，就会容易些。将纸撕开取下。制作完成。

针织面料的圆领：连接领口布…布：天竺棉

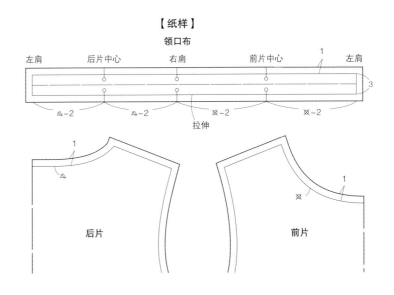

【纸样】

领口布

左肩　　后片中心　　右肩　　前片中心　　左肩

拉伸

△-2　　△-2　　⊠-2　　⊠-2

后片

前片

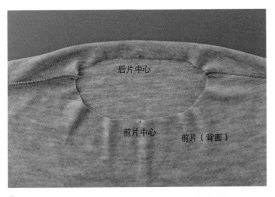

1 将身片的肩缝合，在领口的背面做出前、后中心的标记。

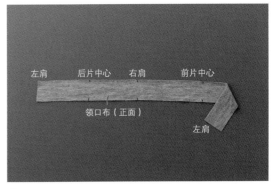

2 在领口布的正面，画出前、后中心及右肩的合印标记。

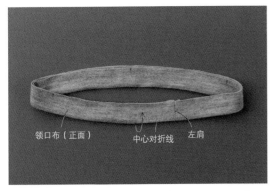

3 将领口布的左肩缝合，做成圆环，背面相对对折，用熨斗烫平。

4 将身片的领口与领口布正面相对，对齐合印标记，用珠针固定。首先是左肩（①）、其次是后片中心（②），然后是后片中心左右，领口开始有弧度的位置（③、④），用珠针固定。②~③、②~④，都将领口布与身片平整对齐，用珠针固定。右肩~前侧领口，也同样用珠针固定。

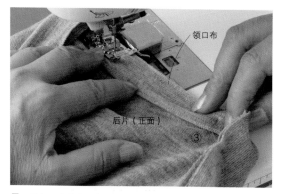

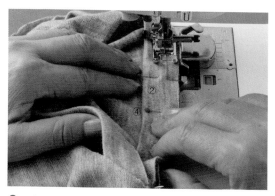

5 将领口布放在上方，从左肩开始车缝。从①到③对齐身片，拉伸领口布进行车缝。

6 ③~②~④是平整对齐的，所以不必拉伸直接车缝。

7 剩余的领口，也按照5~6的要领车缝，转圈车缝一周。

8 从领口布一侧，将3片缝份一起车缝包边针迹（或用曲折针迹）。

9 将领口缝份倒向身片一侧，用熨斗烫平。

10 领口线迹的边缘，在身片一侧车缝线迹，压住缝份。制作完成。

在下摆连接罗纹针织面料…布：天竺棉 + 罗纹织物

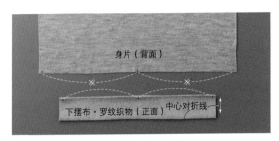

1 将要连接在身片上的罗纹织物背面相对，用熨斗烫平。在身片的下端和罗纹织物上，分别画出等分的合印标记。此处是2等分，如果距离长，可以画出3等分、4等分的合印标记。

2 将罗纹织物与身片正面相对，对齐合印标记，用珠针固定。

3 从罗纹织物一侧车缝。车缝起点倒缝1cm，以针扎在布中的状态停下缝纫机。拿住中间的珠针位置（②），拉伸罗纹织物直到身片变平，中间用珠针固定。

4 一边拉伸罗纹织物与身片对齐，一边车缝至②的珠针位置。

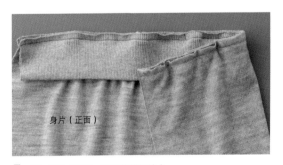

5 ②~③也按照3~4相同的要领缝合。

6 将3片缝份一起车缝包边针迹（或用曲折针迹）。这时，也一边拉伸罗纹织物一边车缝。

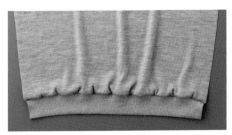

7 翻至正面，制作完成。即使不用熨斗熨烫，缝份也会自然地倒向身片一侧。

制作服装

褶皱罩衫

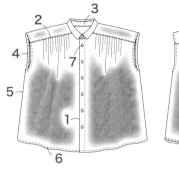

完成尺寸

胸围156cm　衣长67.2cm

*对应身体的胸围尺寸为82～90cm

材料

表布（薄棉布蕾丝）…110cm宽　160cm长

配布（薄棉布）…110cm宽　70cm长

胶衬…90cm宽　70cm长

纽扣…直径1.2cm宽　7个

做法

*在前端贴边、底领、翻领的背面粘贴胶衬。

1　在前端连接贴边。

　❶将前身片的前端与贴边正面相对，缝合。

　❷将贴边翻至身片的背面，折叠贴边的缝份，用熨斗烫平，车缝线迹。

2　缝合身片与育克。

　❶在前身片、后山片的上端打褶。→打褶方法P97

　❷用育克表布、育克里布夹住后身片，缝合。

　❸将前身片与育克表布正面相对，缝合。

　❹将育克里布的前侧缝份折叠，在育克的前侧车缝线迹连接育克里布，在育克的后侧车缝线迹。

3　制作并接有底领的衬衫领。→P53

4　将袖口用斜裁布缝合后翻至正面。→P35

5　缝合侧边。将2片缝份一起车缝包边针迹（或用曲折针迹），缝份倒向后侧。→P16

6　将下摆缝份三折，车缝线迹。

7　制作纽扣（→P27），连接纽扣。

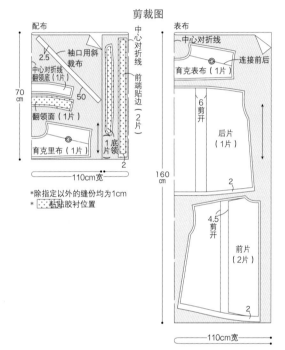

剪裁图

*除指定以外的缝份均为1cm

* ⬚ 粘贴胶衬位置

板图

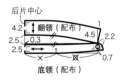

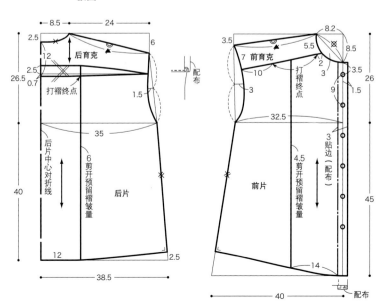

118

男士衬衫

完成尺寸（M号）

胸围114cm 衣长77.2cm 袖长63.5cm

材料

表布（条纹细布）···150cm宽　160cm长
胶衬···90cm宽　70cm长
纽扣···直径1.3cm　9个 / 直径1.1cm　2个

做法

*在左前门襟、翻领、底领、袖克夫的背面粘贴胶衬。
1 处理前端。在左前身片上连接门襟（→图）。右前身品，将前端的缝份折成3cm宽的三折，车缝线迹。
2 制作并连接前胸衣袋。→P83
3 将下摆的缝份三折，车缝线迹。
4 连接育克。
　❶将缉省后的后身片，用2片育克夹住，缝合。
　❷将前身片与育克表布正面相对，缝合。
　❸将育克里布的前侧缝份折叠，在育克的前侧车缝线迹连接育克里布，在育克的后侧车缝线迹。
5 制作并连接有底领的衬衫领。→P53
6 制作袖口的衩条开口。→P64
7 用折边叠缝连接袖子。→P102
8 用折边叠缝缝合袖下～侧边。
9 连接袖克夫。→P64
10 制作纽孔（→P27），连接纽扣。在前端和袖克夫上连接1.3cm的纽扣，在袖口衩条上连接1.1cm的纽扣。

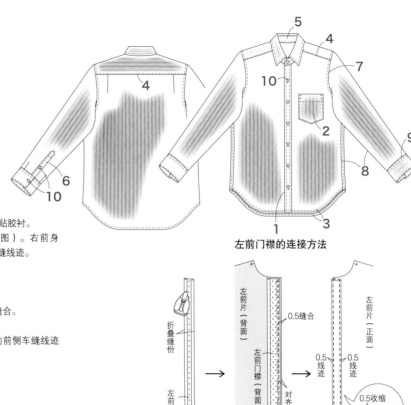

左前门襟的连接方法

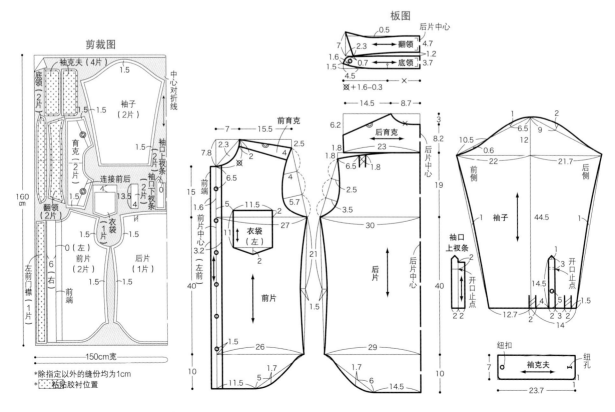

119

腰部罗纹的连衣裙

完成尺寸
胸围90cm 腰围74cm 臀围94cm 衣长92.1cm
*对应身体的尺寸为
胸围80～84cm 腰围60～64cm 臀围88～92cm

材料
表布（纯棉印花布）…137cm宽　120cm长
罗纹…48cm宽　20cm长
里布（裙子用）…90cm宽　120cm长
胶衬…90cm宽　30cm长
黏合胶带…适合1.2cm宽
金属拉链…3cm宽　53cm长　1根

做法
*在前、后的领口贴边、后侧下摆开衩的贴边背面粘贴胶衬。在领口缝份上粘贴黏合胶带。
*在后片中心、肩、侧边、下摆、袖口、贴边的外围、开衩的侧边和后片中心的缝份上，车缝包边针迹（或用曲折针迹）。
1 缝合身片、裙子的省。缝份倒向中间一侧。→P17
2 分别缝合身片、贴边的肩，打开缝份。
3 在领口连接贴边。→图
4 缝合身片的侧边，打开缝份。
5 缝合裙子的后片中心，处理开衩。
　❶将左右裙子后片中心的贴边部分正面相对对折，缝合下摆，翻回正面。
　❷将左右裙子后片中心正面相对，缝合开口止点～开衩，打开缝份。
6 缝合裙子的侧边，打开缝份。
7 将裙子下摆的缝份向上折，纤缝固定。后片中心开衩贴边的顶端也纤缝固定。
8 在腰部连接罗纹。
　❶缝合腰部罗纹的侧边，打开缝份。
　❷将身片的腰部与罗纹正面相对，拉伸罗纹，缝合，在缝份上车缝包边针迹。→P116
　❸罗纹的下侧与裙子的腰部用相同的方法缝合。
9 在后片中心连接拉链，完成领口制作。→图
10 制作袖子。将袖口缝份向上折，纤缝固定，袖山打褶。
11 连接袖子。将2片上袖缝合一起车缝包边针迹，从上袖止点到下侧的袖笼，用斜裁布缝合后翻至正面。→P35
12 缝合裙子里布。→图
13 连接裙子里布。
　❶将裙子表布与裙子里布背面相对，纤缝后片中心的拉链开口、开衩。
　❷折叠里布的腰部缝份，拉伸罗纹，在连接罗纹的线迹边缘纤缝。

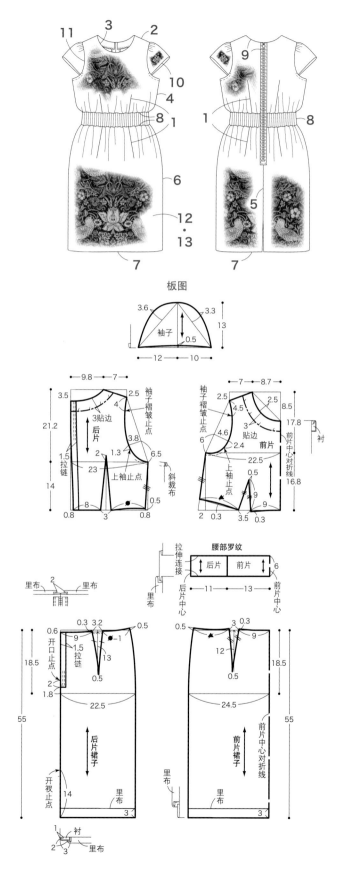

3 在领口连接贴边

后片（正面）
肩
4～5
贴边（背面）
前片（正面）
从领口留4～5cm缝合

12 缝合裙子里布

（正面）
①
③ 1牙口
②
后片裙子里布（背面）
③ 1牙口

前片裙子里布（正面）
⑥ 缝合侧边
后片裙子里布（背面）
⑤ 折叠
④ 打开
⑤ 折叠
⑥ 制作丰满度（→P125）
⑦ 0.1
1.5
1.5三折

剪裁图

里布
1.5
前片裙子（1片）
0
0
1.5
后片裙子（2片）
2
1剪开
0
中心对折线
120cm
─90cm宽─

表布
后片领口贴边（2片）
前片领口贴边（1片）
袖口用斜裁布（2片）
袖子（2片）
2
后片（2片）
2
1.2
前片（1片）
1.2
中心对折线
后片裙子（2片）
2
1.2
前片裙子（1片）
1.2
3 贴边
1.5 4
4
120cm
─137cm宽─

腰部罗纹
罗纹 腰部罗纹（后片、2片）
（前片、1片）
20cm
─48cm宽─

*除指定以外的缝份均为1cm
* 粘贴胶衬、黏合胶带位置

9 在后片中心连接拉链，完成领口制作

❶
避开正面的贴边
疏缝
后片（背面）
开口止点

❷
避开贴边
后片（背面）
打开

❸
避开缝份
疏缝
0.4
拉链（正面）
避开缝份，车缝线迹
后片（正面）

避开缝份
0.4
后片（正面）
拉链（正面）
避开缝份，车缝线迹
1～1.5
开口止点
折叠

❹
0.5 收缩、折叠
拉链
后片中心
后片（正面）

2～3重叠
贴边（背面）
后片中心
后片（正面）

❺
将缝份剪至0.5
后片（正面）

贴边（正面）
后片（正面）
田丰
后片（背面）

❻
后片（正面）
0.1
在布带的顶端车缝线迹

褶裥无袖连衣裙

完成尺寸

胸围98cm 腰围100cm 臀围100cm 衣长85cm
*对应身体的尺寸为胸围82~86cm 臀围92~96cm

材料

表布（拔染印花塔夫绸）…137cm宽 310cm长
里布…90cm宽 250cm长
胶衬…90cm宽 35cm长
黏合胶带…适合1.2cm宽

剪裁方法的重点

裙子表布，在75cm×150cm（加入褶裥部分的长度）的长方形上，加上缝份的尺寸剪裁。外褶山、内褶山按照剪裁图中标示的尺寸画出标记。
裙子里布，按照剪裁图标示的尺寸制作纸样。

做法

*在各贴边的背面粘贴胶衬，在表布领口缝份的背面粘贴黏合胶带。
*在裙子表布的下摆缝份上车缝包边针迹（或用曲折针迹）。

1 在身片上连接衬里。
　❶将前、后身片的表布与里布背面相对，在四周用较粗的针脚车缝固定。
　❷将肩、侧边的缝份2片一起车缝包边针迹。
2 缝合肩，打开缝份。
3 缝合领口。→图
4 缝合身片的侧边，打开缝份。
5 按照与领口相同的要领，将袖口用贴边缝合后翻至正面。
6 将裙子的下摆缝份向上折，车缝线迹。
7 折叠裙子的褶裥，缝合侧边。→P108
8 缝合裙子里布。→图
9 缝合腰部。
　❶将裙子表布、里布背面相对，将腰部缝份缝合固定。
　❷将身片和裙子的腰部正面相对，缝合。
　❸将4片缝份一起车缝包边针迹，缝份倒向身片一侧。

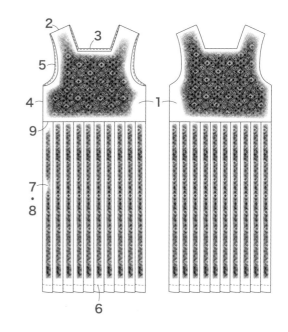

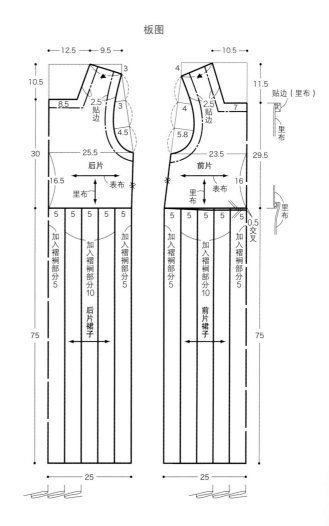

板图

3 缝合领口

① 折叠缝份
后片领口贴边（背面）
前片领口贴边（背面）

② 缝合肩
后片领口贴边（正面）
前片领口贴边（背面）

③ 贴边（背面）
后片（正面）
在顶角剪入牙口
前片（正面）

④ 后片（里布）
贴边（正面）
将②贴边翻至正面，用熨斗烫平
③纤缝
前片（里布）

0.1
前片（正面）
①在贴边和缝份上车缝压边线

8 缝合裙子里布

①缉省，车缝固定
③车缝包边针迹
0.5 制作丰满度
裙子里布（背面）
②缝合侧边
开衩止点
0.8 三折
1三折
⑤将下摆缝份三折后车缝
④将开衩三折后车缝

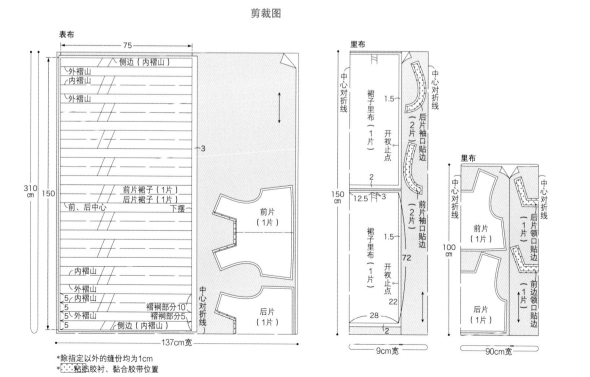

剪裁图

表布
75
侧边（内褶山）
外褶山
内褶山
外褶山
3
前片裙子（1片）
后片裙子（1片）
前、后中心
下摆
内褶山
外褶山
内褶山
5
外褶山
5
侧边（内褶山）
褶裥部分10
褶裥部分5
310cm
150
中心对折线

前片（1片）
后片（1片）

137cm宽

里布
中心对折线
裙子里布（1片）
1.5
后片袖口贴边（2片）
开衩止点
2
12.5 3
裙子里布（1片）
1.5
前片袖口贴边（2片）
开衩止点
72
22
28
2
150cm
9cm宽

里布
中心对折线
前片（1片）
后片（1片）
中心对折线
后片领口贴边（1片）
前边领口贴边（1片）
100cm
90cm宽

*除指定以外的缝份均为1cm
*▨▨ 贴贴胶衬、黏合胶带位置

裤子

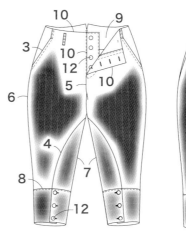
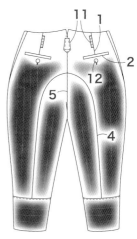

完成尺寸

腰围79cm　臀围101cm　裤长（前面中心长度）86cm

*对应身体的尺寸为腰围66～70cm　臀围90～95cm

材料

表布（条纹斜纹布）…148cm宽　150cm长

里布…90cm宽　140cm长

轧光斜纹棉布…102cm宽　50cm长

胶衬…90cm宽　60cm长

纽扣…直径1.8cm　10个／直径1.5cm　2个

做法

*在前后腰部贴边、前开口、垫襟、下摆接缝布的正面各部
件、镶边布、串带A的背面粘贴胶衬。

*在前后裤腿的侧边和接缝线、前后下裆接缝布的下裆和接
缝线上，车缝包边针迹（或用曲折针迹）。

1　缝合后片裤腿的省，将缝份倒向中心一侧。→P17

2　在后片裤腿上制作镶边衣袋。→P94

3　在前片裤腿上制作侧边衣袋。→图

4　分别缝合前、后裤腿和前、后下裆接缝布。打开缝份。

5　缝合裆部。前面缝合开口止点至下侧。后面缝合腰部的
　　车缝止点到下侧。

6　缝合侧边，打开缝份。

7　继续缝合左、右的下裆，打开缝份。

8　缝合并连接下摆接缝布。→图

9　缝合裤子里布。

　❶缝合臀部。前面从开口止点下0.5cm缝至下裆。

　❷制作丰满度，缝合侧边。→图

　❸制作丰满度，继续缝合左右的下裆。

　❹将下摆缝份三折，车缝针迹。

　❺缝合腰部贴边的后面中心、侧边，打开缝份。后面中
　　心从车缝止点开始向下缝合。

　❻将腰部贴边与❹缝合。

10　将裤腿表布、里布对齐，制作前开口，将腰部缝合后翻
　　至正面。

11　制作并连接串带。

　❶将2片串带A缝合后翻至正面，车缝固定在后面中心。

　❷将2.5cm×30cm的串带B的布，正面相对对折，缝成
　　1cm宽，翻至正面，剪成7cm长的4根，车缝固定在连接
　　位置上。

12　连接纽扣。在前开口和下摆连接直径1.8cm的纽扣，在
　　后面的镶边衣袋上连接直径1.5cm的纽扣。

板图

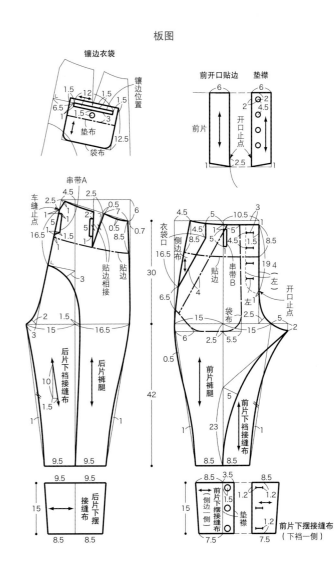

124

3 在前片裤腿上制作侧边衣袋

①

②重叠在袋布上，车缝固定

侧边衣袋袋布B（正面）

①车缝包边针迹

0.5

前衣袋口贴边（正面）

②

①

A（正面）

侧边衣袋袋布

②

牙口

前片裤腿（正面）

袋布A（背面）

翻至正面

前片裤腿（背面）

从正面0.7车缝线迹

袋布A（正面）

③

侧边布（正面）

0.1 0.7

衣袋口

前片裤腿（正面）

重复车缝2~3次

④

②在缝份上车缝

0.5

0.5

前片裤腿（背面）

①在袋布的周围车缝2条线

袋布B（背面）

②

袋布A（背面）

8 缝合并连接下摆接缝布

①

①缝合接缝线

下摆里布接缝布（正面）

前片裤腿表布下裆一侧

前片裤腿表布侧边一侧

后片下摆接缝布表布（背面）

至完成线

③剪掉 ②正面相对缝合 ③将角的缝份剪掉

下摆接缝布表布（正面）

④翻至正面，熨烫

②

下摆接缝布（正面）

前片裤腿（正面）

前片裤腿下裆缝布（正面）

下摆接缝布里布（正面）

下摆接缝布里布（背面）

下摆接缝布表布

②正面相对缝合

前片裤腿（正面）

②

下裆接缝布（正面）

前片裤腿（正面）

重叠垫襟部分

①在下摆接缝布里布的缝份上剪入牙口

前片裤腿（正面）

下摆接缝布表布（正面）

0.1

③车缝线迹

④纽孔

剪裁图

表布

前片裤腿下摆接缝布下裆一侧（4片）

后片裤腿下摆接缝布（4片）

镶边衣袋的垫布（1片）

垫襟表布（1片）

边侧（正面）

前片裤腿下摆接缝布下裆一侧（4片）

前开口贴边（1片）

前片腰部贴边（2片）

表布一侧

表布一侧

表布一侧

前衣袋口贴边（2片）

贴边右

贴边左

前片裤腿下摆接缝布侧（4片）

前衣袋口缝布（2片）

前片裤腿下裆接缝布（2片）

后片腰部贴边（2片）

中心对折线

前片裤腿（2片）

后片裤腿（2片）

串带B（4根量·1片）

后片裤腿下裆接缝缝布（2片）

串带A（2片）

镶边布（2片）

7 30

15 2.5

150cm

148cm宽

里布

中心对折线

后片裤腿（2片）

1.5 1.5

前片裤腿（2片）

1.5

2

1.5

中心对折线

2

140cm

90cm宽

9 制作里布的丰满度

正面相对

车缝

里布（背面）

完成线

0.2~0.5（丰满度）

（背面）

在完成线折叠

（背面）（背面）

丰满度

倒向一侧

轧光斜纹棉布

镶边衣袋袋布（4片）

垫襟里布（1片）

侧边衣袋袋布A（2片）

侧边衣袋袋布B（2片）

中心对折线

50cm

102cm宽

*除指定以外的缝份均为1cm

* 粘贴胶衬位置

125

不对称短裙

完成尺寸

腰围74cm 臀围102cm 裙长约65～约88cm
*对应身体的尺寸为腰围66～72cm 臀围90～100cm

材料

表布（苏格兰格子羊毛）…150cm宽 150cm长
胶衬…90cm宽 15cm长
黏合胶带…适合1.2cm宽度
隐形拉链……22cm1根

做法

*在前、后腰部贴边的背面粘贴胶衬。

*在右前裙片、右后裙片、左前裙片、左后裙片裙子的腰部缝份背面粘贴黏合胶带。

*在前、后腰部贴边的下侧，右前裙片、右后裙片、左前裙片、左后裙片的侧边缝份上车缝包边针迹（或用曲折针迹）。

1 在各部件裙的下摆车缝一次性针迹。
2 将省缝合，缝份倒向中心一侧。→P17
3 缝合右后裙片和右前裙片的侧边，打开缝份。
4 将后裙片中心下摆展宽布和右后下摆展宽布（上端缝至完成线）、右后下摆展宽布和右前下摆展宽布缝合。
5 将3和4缝合。→图
6 缝合左侧边。→图
7 将6和左前下摆展宽布缝合。→图
8 在左侧边连接隐形拉链。→P67
9 缝合5和8。
 ❶将5和8正面相对缝合侧边。
 ❷将2片缝份一起锁边，缝份分别倒向中间一侧。

10 将腰部用贴边缝合并翻至正面。
 ❶将前、后腰部贴边的右侧边缝合，打开缝份。
 ❷将贴边与裙子的腰部正面相对，缝合。这时的左侧边，贴边顶端从侧边收缩0.5cm，背面相对对折，然后像夹住贴边一样，将连接拉链缝份正面相对后，缝合腰部。
 ❸将腰部缝份倒向贴边一侧，在贴边和缝份上车缝压边线。
 ❹将贴边翻至裙子的背面，用熨斗烫平。
 ❺将腰部贴边的左侧边纤缝固定。

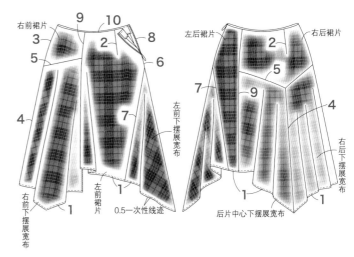

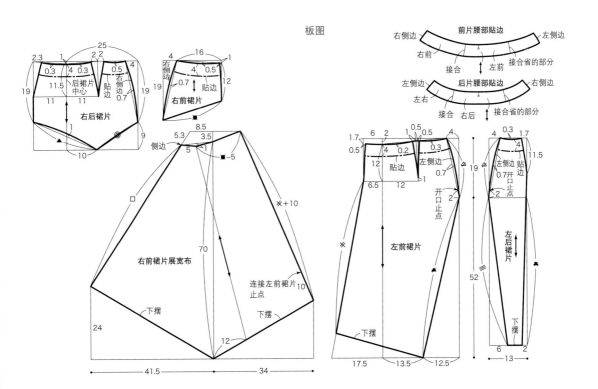

126

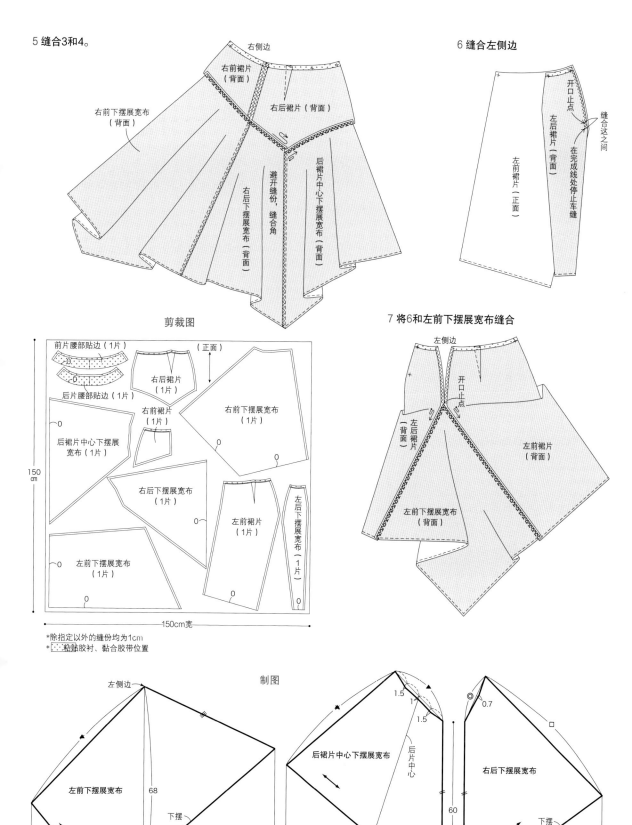

5 缝合3和4。

右侧边

右前裙片（背面）

右后裙片（背面）

右前下摆展宽布（背面）

避开缝份，缝合角

右后下摆展宽布（背面）

后裙片中心下摆展宽布（背面）

6 缝合左侧边

开口止点

缝合这之间

在完成线处停止车缝

左后裙片（背面）

左前裙片（正面）

剪裁图

前片腰部贴边（1片）

后片腰部贴边（1片）

（正面）

右后裙片（1片）

右前裙片（1片）

右前下摆展宽布（1片）

后裙片中心下摆展宽布（1片）

右后下摆展宽布（1片）

左前裙片（1片）

左前下摆展宽布（1片）

左后下摆展宽布（1片）

150cm

150cm宽

*除指定以外的缝份均为1cm
*┈┈ 粘贴胶衬、黏合胶带位置

7 将6和左前下摆展宽布缝合

左侧边

开口止点

左后裙片（背面）

左前裙片（背面）

左前下摆展宽布（背面）

制图

左侧边

左前下摆展宽布

68

下摆

37.5   12.5

44

1.5
1
1.5

后裙片中心下摆展宽布

后片中心

下摆

43   30

52

0.7

□

右后下摆展宽布

60

下摆

34

47

127

TITLE：［きれいな仕立てのプロの技］

BY：［百目鬼 尚子、牧野 志保子］

Copyright © Naoko Domeki, Shihoko Makino 2016

Original Japanese language edition published by EDUCATIONAL FOUNDATION BUNKAGAKUEN BUNKA PUBLISHING BUREAU.

All rights reserved. No part of this book may be reproduced in any form without the written permission of the publisher.

Chinese translation rights arranged with EDUCATIONAL FOUNDATION BUNKAGAKUEN BUNKA PUBLISHING BUREAU., Tokyo through NIPPAN IPS Co., Ltd.

本书由日本学校法人文化学园文化出版局授权北京书中缘图书有限公司出品并由煤炭工业出版社在中国范围内独家出版本书中文简体字版本。

著作权合同登记号：01-2018-2756

图书在版编目（CIP）数据

服装缝纫专业技法 /（日）百目鬼尚子，（日）牧野志保子著；刘晓冉译. -- 北京：煤炭工业出版社，2018（2023.9重印）

ISBN 978-7-5020-6701-4

Ⅰ.①服… Ⅱ.①百… ②牧… ③刘… Ⅲ.①服装缝制 Ⅳ.①TS941.634

中国版本图书馆CIP数据核字(2018)第115687号

服装缝纫专业技法

作　　者	（日）百目鬼尚子　牧野志保子	译　　者	刘晓冉
策划制作	北京书锦缘咨询有限公司（www.booklink.com.cn）		
总 策 划	陈　庆	策　　划	肖文静
责任编辑	马明仁	编　　辑	郭浩亮
设计制作	柯秀翠		

出版发行　煤炭工业出版社（北京市朝阳区芍药居35号　100029）

电　　话　010-84657898（总编室）

　　　　　010-64018321（发行部）　010-84657880（读者服务部）

网　　址　www.cciph.com.cn

印　　刷　昌昊伟业（天津）文化传媒有限公司

经　　销　全国新华书店

开　　本　787mm×1092mm^1/$_{16}$　　印张　8　字数　72千字

版　　次　2018年7月第1版　　2023年9月第7次印刷

社内编号　20180486　　　　定价　58.00元
